新编高等职业教育电子信息、机电类规划教材·机电一体化技术专业

# 电子 CAD 技能与实训
## ——Protel 99 SE(第 3 版)

胡继胜　主　编

安红霞

姚艳春　副主编

程　周　主　审

电子工业出版社

**Publishing House of Electronics Industry**

北京·BEIJING

## 内 容 提 要

本书是一本介绍 EDA 工具软件之一的 Protel 99 SE 的基本功能与基本操作的技能培训教程。本书是在第 2 版的基础上做了修改、调整、补充编写的，内容主要包括了 Protel 99 SE 的基础知识、电路原理图的绘制、原理图元件的创建、印制电路板的绘制、PCB 元件封装的创建、电路仿真等。

本书采用任务驱动的项目教学编写模式，以培养学生的专业能力和可持续发展能力为主导，将电子技术与 Protel 99 SE 有机地融为一体，以实训项目形式展开教学，每个实训项目力求理论与实践并举，尽可能通过实例让学生快速掌握电路设计的基本方法和技能，并在每个项目的最后都配以一定的技能训练来帮助学生巩固和方便练习。

本书可供高职院校电子信息类及相关专业作为教材使用，也可作为大中专院校相关专业的参考教材，还可以作为电子爱好者和从事电路产品设计人员的参考用书。

**图书在版编目（CIP）数据**

电子 CAD 技能与实训：Protel 99 SE/胡继胜主编 . —3 版 . —北京：电子工业出版社，2017.1
ISBN 978-7-121-30545-0

Ⅰ. ①电… Ⅱ. ①胡… Ⅲ. ①印刷电路 – 计算机辅助设计 – 应用软件 – 高等学校 – 教材 Ⅳ. ①TN410.2

中国版本图书馆 CIP 数据核字（2016）第 290030 号

策　　划：陈晓明
责任编辑：郭乃明　　　特约编辑：范　丽
印　　刷：三河市良远印务有限公司
装　　订：三河市良远印务有限公司
出版发行：电子工业出版社
　　　　　北京市海淀区万寿路 173 信箱　邮编 100036
开　　本：787×1092　1/16　印张：16.75　字数：429 千字
版　　次：2009 年 10 月第 1 版
　　　　　2017 年 1 月第 3 版
印　　次：2017 年 1 月第 1 次印刷
印　　数：3 000 册　　定价：39.00 元

凡所购买电子工业出版社图书有缺损问题，请向购买书店调换。若书店售缺，请与本社发行部联系，联系及邮购电话：(010)88254888，88258888。

质量投诉请发邮件至 zlts@ phei. com. cn，盗版侵权举报请发邮件至 dbqq@ phei. com. cn。

本书咨询联系方式：010-88254561。

# 前　言

随着现代科学技术的发展，尤其是电子工业发展的日新月异，大规模集成电路的应用已越来越普遍，EDA（Electronic Design Automation，电子设计自动化）技术在电路分析与设计中的应用已成为必然的趋势。Protel 99 SE 作为 Protel 公司推出基于 Windows 平台的第六代产品，是当今最流行的电子 CAD（Computer Aided Design，电路计算机辅助设计）软件之一。它将电路原理图设计、印制电路板（Printed Circuit Board，PCB）设计等多个实用工具软件组合起来，具有强大的设计能力、高速有效的编辑功能、灵活有序的设计管理手段、操作界面友好、良好的数据开放性和互换性，是众多工程技术人员和电子爱好者进行电子设计的首选软件。

本书紧扣职业院校的"以就业为导向"的办学方针，以培养学生的专业能力和可持续发展能力为主导，从教、学、做相结合的能力本位出发，结合实例，由浅入深、循序渐进，将电子技术与 Protel 99 SE 有机地融为一体，力求向读者全面介绍 Protel 99 SE 软件设计系统的基本概念、操作方法和设计原则。

本书根据作者多年的教学和实践经验，按照电路板设计的一般步骤对教材进行了整体规划。全书采用任务驱动的项目教学编写模式，以实训项目形式展开教学，突出技能实训为主题，在实践中做到理实交融，用实例来提升学生的应用能力，并在每个项目的最后都配以一定的技能训练来帮助学生巩固和方便练习，以期读者快速掌握电路设计的基本方法和技能。

全书共有 16 个实训项目，内容主要包括了 Protel 99 SE 的基础知识、电路原理图的绘制、原理图元件的创建、印制电路板的绘制、PCB 元件封装的创建等。书中所有技能训练和实例均可在计算机上完成，本书最突出的特点是通过实例操作代替陈述性的讲解，从而使读者感到"易学、实用"。

本书实训 1~4 由安徽职业技术学院安红霞编写，实训 5~8 由安徽职业技术学院姚艳春编写，实训 9~16 由安徽职业技术学院胡继胜教授编写。胡继胜为本书主编，安徽职业技术学院程周为主审。在编写过程中得到了机电工程学院同仁的大力支持，电子 38 所高级工程师戴文对本书提出了许多宝贵意见，在此一并表示感谢。

编　者

2016 年 9 月

# 目　　录

# 实训 1　初步认识 Protel 99 SE

## 学习目标

（1）了解 Protel 的发展与地位。

（2）学会安装 Protel 99 SE。

（3）了解 Protel 99 SE 的组成与功能。

（4）掌握 Protel 99 SE 的启动与关闭方法。

（5）熟悉 Protel 99 SE 的主界面环境。

Protel 软件是流传到我国最早的电子设计自动化软件，是当今最流行的计算机辅助设计软件之一。在 Protel 系列中，Protel 99 SE 功能强大、人机界面友好、易学易用，它将原理图设计、印制电路板设计、电路仿真设计和 PLD 设计融为一体，是广大电子设计者进行电子线路设计的首选软件。

本节介绍了 Protel 的发展历程，Protel 99 SE 的安装、功能特点及初步操作，为后续学习做好硬件和软件上的准备。

## 1.1　任务 1　Protel 99 SE 的发展

20 世纪 80 年代中期计算机应用进入各个领域，人们开始用计算机辅助进行电路设计，美国 ACCEL Technologies Inc 推出了第一个应用于电子线路设计软件包——TANGO 开创了计算机辅助设计（CAD）的先河。这个软件包现在看来比较简陋，但在当时给电子线路设计带来了设计方法和方式的革命，随着电子业的飞速发展，TANGO 日益显示出其不适应时代发展需要的弱点。为了适应科学技术的发展，Protel Technology 公司以其强大的研发能力推出了 Protel for DOS 作为 TANGO 的升级版本，从此 Protel 这个名字在业内日益响亮。

由于在 DOS 环境下，受图形接口及内存、CPU 等硬件条件的限制，Protel for DOS 仅仅是一个 CAD 开发工具的初级版本，20 世纪 80 年代末，Windows 系统开始日益流行，Protel For Windows 1.0、Protel For Windows1.5 等版本相继推出，这些版本的可视化功能给用户设计电子线路带来了很大的方便，设计者再也不用记一些烦琐的命令，也能让用户体会到资源共享的乐趣。之后，随着计算机操作系统不断升级和电子电路业的迅速发展，Protel 软件也不断升级，20 世纪 90 年代中期推出了基于 Windows 95 的 Protel For Windows 3.1，并且引入了客户机（Client）/服务器（Server）的主从式工作环境结构，但在自动布线方面没有改进，1998 年推出了 Protel 98，其应用程序代码从 16 位历史性地提高到了 32 位，是第一个包含 5 个核心模块的 CAD 工具，开始基本满足了大多数使用者的需求，特别是出色的自动布线功能得到了用户的支持。1999 年推出了 Protel 99，Protel 99 是基于 Win 95/Win NT/Win 98/Win 2000 的纯 32 位电路设计制板系统。Protel 99 提供了一个集成的设计环境，它引入了数据库的管理模式，用户可直观地对项目中的文件进行管理与操作，构成从电路设计到真实板分析的完整体系。2001 年 Protel 公司正式推出了 Protel 99 SE，相对于 Protel 99，其综合设计环境功能更加强大，性能进一步提高，可以对设计过程有更大控制力。

作为第一款将电子电路设计环境导入 Windows 操作界面的开发工具，Protel 是目前 EDA 行业中使用最方便、操作最快捷，人性化界面最好的辅助工具，虽然近年来 Protel 公司又推出了 Protel DXP、Protel 2004 和最新版 Altium Designer 6.0，但它们对计算机硬件配置要求较高且价格昂贵，Protel 99 SE 仍是目前中国电子工程师进行电子设计使用最多的软件，很多大、中专院校的电类专业还专门开设 Protel 课程。基于上述情况，本书将以 Protel 99 SE 为基础进行介绍。

## 1.2 任务 2 Protel 99 SE 的安装

Protel 99 SE 安装过程十分简单，只需要根据安装向导，适当修改安装选项即可按照步骤安装软件。具体安装步骤如下：

（1）打开安装文件夹，可以看到文件夹里共有安装文件 14 个，如图 1-1 所示。

图 1-1　Protel 99 SE 安装文件

（2）在光盘中找到 Protel 99 Se 安装文件"Setup. exe"，双击"Setup. exe"图标即开始运行安装程序，出现如图 1-2 所示界面，提示用户按照安装向导的提示进行操作。

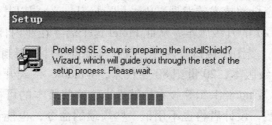

图 1-2　安装向导指示

（3）稍微等待一会，进入如图 1-3 所示的安装程序对话框，单击"Next"按钮。

（4）接着出现如图 1-4 所示的安装信息对话框，在 Name 文本框中输入用户的姓名，在 Company 文本框中输入公司的名字，最后在 Access Code 文本框中输入软件的安装序列号。单击"Next"按钮。

（5）在弹出如图 1-5 所示的界面中选择安装路径，图中显示的是默认安装路径：C:\Program Files\Design Explorer 99 SE。单击 Browse 按钮可以选择或修改安装路径，然后单击"Next"按钮。

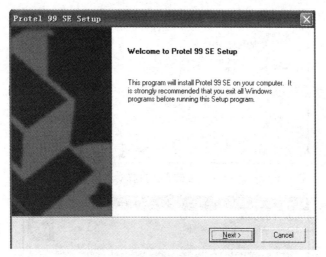

图1-3　安装界面

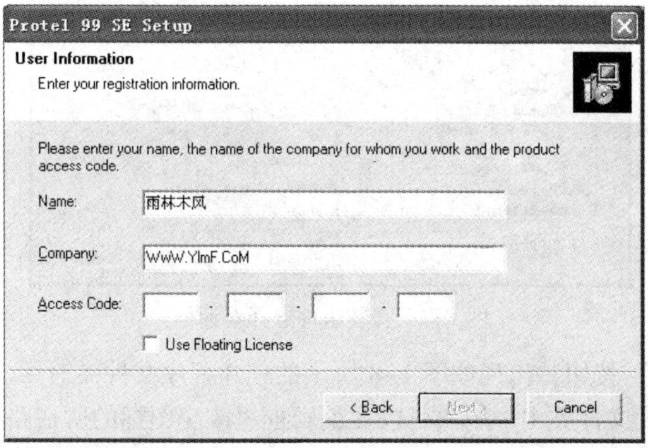

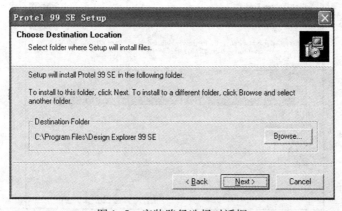

图1-4　安装信息对话框

图1-5　安装路径选择对话框

（6）单击"Next"按钮，系统弹出的如图1-6所示的安装类型选择对话框，可以选择 Typical 单选框进行典型安装，也可选择 Custom 单选框进行自定义安装，这里选 Custom 自定义安装，因为该模式安装 SIM99 仿真器，这在后续仿真分析时要用到。

（7）单击"Next"按钮，出现如图1-7所示的安装组件选择对话框，可以通过拖动滚动条观看 Protel 99 SE 所提供的组件，用户可以根据实际需要选择安装组件，一般不必修改。

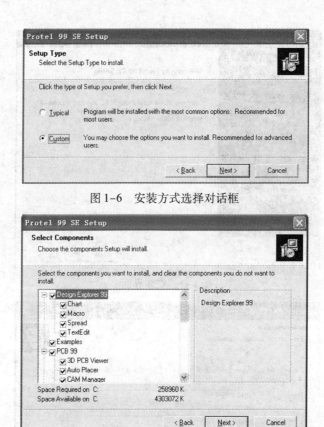

图1-6 安装方式选择对话框

图1-7 安装组件选择对话框

（8）单击"Next"按钮，出现如图1-8所示的创建程序文件夹对话框。系统默认将启动图标放在 Protel 99 SE 文件夹中，用户可以在编辑框里改变图标的所在路径。

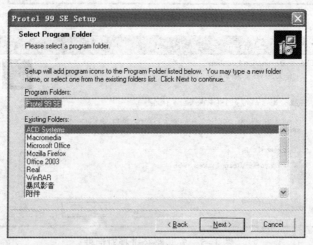

图1-8 修改程序文件夹名称

（9）单击"Next"按钮，出现如图1-9所示的即将开始安装界面。

（10）单击"Next"按钮，出现如图1-10所示的安装进度界面，根据用户软硬件配置不同，需要等待一段时间，若想退出安装，单击"Cancel"按钮即可。安装结束出现如图1-11所示的界面单击，单击"Finish"按钮完成安装。

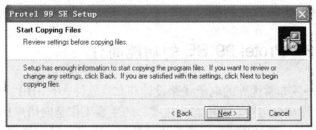

图 1-9　开始安装文件

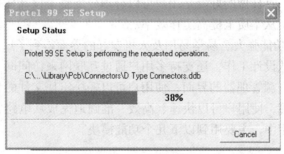

图 1-10　安装进度显示

图 1-11　安装完成

到此为止，Protel 99 SE 安装完成。

上面完成的是软件的英文版安装。若用户需要在中文菜单下进行操作的话，还需安装 Protel 99 SE service pack 6 简体中文第六版，其汉化安装过程在光盘自带的"安装文件. txt"记事本文件中有详细说明，现给出安装步骤，具体细节就不一一说明了。

（1）运行 Protel 99 SP 6\protel 99 seservicepack 6. exe。

（2）先启动一次 Protel 99 se，关闭后将将附带光盘中的 client 99 se. rcs 复制到 Windows 根目录中。

（3）将附带光盘中 pcb-hz 目录的全部文件复制到 Design Explorer 99 se 根目录中，注意检查一下 hanzi. lgs 和 Font. DDB 文件的属性，将其只读选项去掉。

（4）将附带光盘中的 gb4728. ddb（国标库）复制到 Design Explorer 99 se/library/SCH 目录中，并将其属性中的只读去掉。

（5）将附带光盘中的 Guobiao Template. ddb（国标模板）复制到 Design Explorer 99 se 根目录中，并将其属性中的只读去掉。

到此为止，Protel 99 Se 汉化结束。

## 1.3 任务3 Protel 99 SE 的功能简介

Protel 99 SE 是一款非常优秀的电子线路设计和布线软件，它采用了客户机（Client）/服务器（Server）的工作环境结构。其中客户机接口的主要工作是向用户提供统一的操作界面，包括对窗口、功能菜单、键盘及工具栏等的操作控制，而服务器则管理着用户要求的各种任务所对应的应用程序。这样做的好处是用户可以合理分配整个设计任务的负荷，分别交给不同的客户机终端完成，从本质上提高工作效率。

Protel 99 SE 由于功能强大、易学易用及人机友好的界面得到了广大用户的认可。它支持单用户设计工作和团队设计工作，还支持多用户通过互联网来访问同一个设计数据库。它提供了类似于 Windows 资源管理器的界面，使用户可以轻松实现文件的分层管理；它提供了一个集成的电路设计环境，使用户可以快速、高效、准确地完成从电路原理图到印制电路板的设计工作。在实际使用中，主要用到以下几个功能模块。

### 1. 原理图设计模块

该模块主要用于电子产品的电学设计，完成整个电子产品设计过程中的电工、电子学阶段的设计。它提供各种原理图绘图工具、丰富的在线元件符号库、全局编辑能力及方便地电气规则检查功能，原理图编辑器界面如图 1-12 所示。

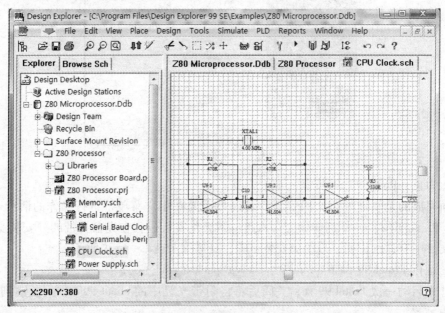

图 1-12 原理图编辑器界面

### 2. 印制电路板设计模块

该模块主要用于完成整个电子产品设计过程物理结构的设计，是电路设计工作的最终目的。它由印制电路板编辑器和元件封装编辑器构成，提供了多种布局、布线方式、强大的设计自动化功能和灵活的电路板设计规则设置及规则检查等。印制电路板设计界面如图 1-13 所示。

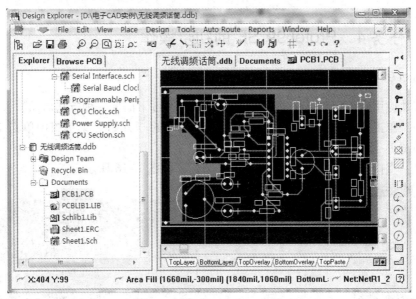

图 1-13　印制电路板设计界面

### 3. 电路仿真模块

该模块主要用于对设计的电路进行仿真测试，以初步验证电路功能是否能够实现。它具有一个十分强大的仿真器，可以完成多种电路分析。最常用的仿真是利用它提供的一些仿真模型库、信号源对电路进行瞬时仿真测试，可以使仿真结果以波形方式直观地显示出来，如图 1-14 所示是电路仿真的界面。

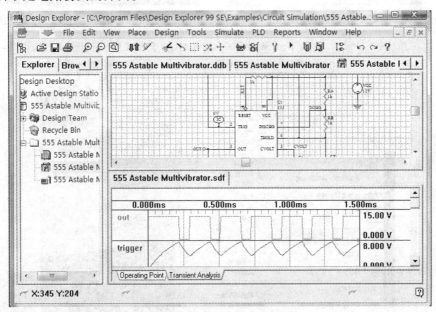

图 1-14　电路原理图仿真界面

### 4. 可编程逻辑设计模块

该模块主要用于通用的可编程逻辑器件的设计。它提供了一个文本编辑器，用于编译和仿真设计结果，它还支持其他的开发环境和语言，此模块本书不予介绍。

## 1.4 任务4 Protel 99 SE 的初步操作

### 1. Protel 99 SE 的启动

与大多数应用软件启动一样，Protel 99 SE 可以通过下面任一种方法启动。

方法一：单击任务栏上的"开始"按钮，在调出的"开始"菜单组中单击 Protel 99 SE 菜单项，如图 1-15 所示。

方法二：直接在桌面上双击 Protel 99 SE 图标，如图 1-16 所示。

 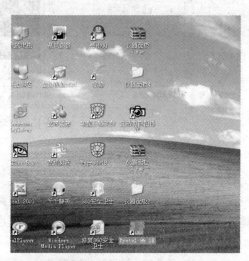

图 1-15　从开始菜单启动 Protel 99 SE　　　　图 1-16　直接双击桌面"Protel 99 SE"图标启动

方法三：单击"开始"菜单下"程序"子菜单中的 Protel 99 SE 图标，如图 1-17 所示。

图 1-17　从程序菜单中启动 Protel 99 SE

启动 Protel 99 SE 之后，将会打开 Protel 99 SE 的主界面，如图 1-18 所示。

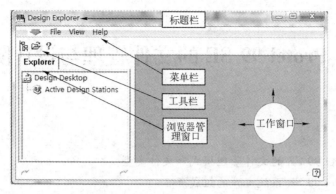

图 1-18　Protel 99 SE 的主界面

## 2. Protel 99 SE 的关闭

Protel 99 SE 不管是在主窗口状态还是在文档设计状态，都可以通过以下方法关闭，退出 Protel 99 SE 环境。

方法一：单击主窗口标题栏中的"关闭"按钮，如图 1-19 所示。

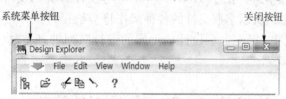

图 1-19　通过"关闭"按钮关闭 Protel 99 SE

方法二：双击"系统菜单"按钮，如图 1-19 所示。

方法三：执行菜单"File"→"Exit"命令，可以关闭 Protel 99 SE，如图 1-20 所示。

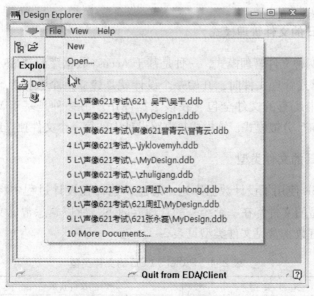

图 1-20　通过"Exit"菜单命令关闭 Protel 99 SE

# 实训 2　Protel 99 SE 的文件管理与设计队列管理

## 学习目标

（1）熟悉 Protel 99 SE 的文件管理模式和文件类型。

（2）熟悉 Protel 99 SE 系统文件的组成。

（3）掌握设计数据库文件的创建及其操作方法。

（4）掌握设计文件的创建方法。

（5）掌握 Protel 99 SE 文件管理的各种操作方法。

（6）掌握 Protel 99 SE 设计队列管理的操作方法。

用户接触 Protel 99 SE 的第一步操作就是新建设计数据库和各种设计文件，因此首先要熟悉文件的类型及管理模式。由于 Protel 99 SE 中与设计有关的文件都存储在一个单独的、集成化的设计数据库中，所以掌握文件的各种操作将会给设计工作带来方便。同时 Protel 99 SE 还提供了多个用户同时操作一个设计数据库的设计队列管理工具，并且通过系统管理员来赋予各个成员的工作权限。

## 2.1　任务5　认识 Protel 99 SE 的文件管理

使用 Protel 99 SE 的过程中会生成多种类型的文件，用户需要熟悉这些文件的类型、管理模式和编辑操作。

### 1. Protel 99 SE 的文件管理模式

Protel 99 SE 有两种文件管理模式，一种是基于 Access 数据库的"MS Access Database"的数据库模式，这种模式管理文件时，开始一个设计就是建立一个数据库，数据库的扩展名为".ddb"，设计过程中所有的文件全包含在该数据库中。另一种是基于 Windows 文件系统的"Windows File System"分散模式，该模式是电路设计中的每一个文件独立地存储在硬盘上。

### 2. Protel 99 SE 的文件类型

由于 Protel 99 SE 使用了设计数据库这一思想，这样在设计过程中将会产生各种类型的文件，这些不同类型的文件都在一个统一的管理界面下，所以熟悉常见文件的类型，可以对文档管理做到心中有数。常见文件类型见表 2-1

表 2-1　Protel 99 SE 的文件类型

| 文 件 类 型 | 文件扩展名 |
| --- | --- |
| 设计数据库 | . ddb |
| 原理图文件 | . sch |

| 文 件 类 型 | 文件扩展名 |
|---|---|
| 印制电路板文件 | . pcb |
| 文本文件 | . txt |
| 元件库文件 | . lib |
| 项目文件 | . prj |
| 网络表文件 | . net |
| 错误规则检查文件 | . erc |
| 设计规则检查文件 | . drc |
| 自动备份文件 | . bk＊ 注：＊表示阿拉伯数字，为备份文件的序号 |
| 报表文件 | . rep |
| 仿真波形文件 | . sdf |
| 可编程逻辑器件描述文件 | . pld |

### 3. Protel 99 SE 系统文件

当安装完 Protel 99 SE 程序后，在系统默认的安装路径 "C：\Program Files\Design Explorer 99 SE" 中将会看到 5 个文件夹。

- Examples：Protel 99 SE 自带的所有例子都在这个文件夹中。当初级用户在创建设计数据库时常采用默认的路径保存时，设计文件也在这个文件夹中，在下次调用时要注意保存的位置。
- Library：这是一个库文件夹，分别存放着各个电子厂商和通用的元件原理图符号库、PCB 封装库、仿真元件库、PLD 元件库及信号完整性库共 5 个子库文件夹。用户在设计时要经常访问这个文件夹进行添加需要的库文件。
- Backup：这是一个备份文件夹，系统对设计的文件进行自动备份并保存在这个文件夹，用户可以设置自动备份参数。
- System：Protel 99 SE 的系统文件，不能随意删除或更改，否则会导致 Protel 99 SE 工作异常或不能启动。
- Help：存放 Protel 99 SE 所有帮助文件的文件夹。

## 2.2　任务6　Protel 99 SE 的文件编辑与管理操作

### 2.2.1　设计数据库操作

#### 1. 新建设计数据库

（1）执行菜单 "File" → "New Design" 命令，系统弹出如图 2-1 所示的新建设计数据库对话框。

（2）"Database File Name" 编辑框显示的是系统默认的数据库文件名 "MyDesign. ddb"，用户可以修改为自己定义的设计数据库文件名。

（3）"Database Location" 选项下面显示的系统默认设计数据库文件存储的位置，单击

"Browse..." 按钮，系统将弹出如图 2-2 所示的文件另存为对话框，用户可以选择为新建数据库文件选择保存路径。单击"保存"按钮完成路径设置，返回新建设计数据库对话框。

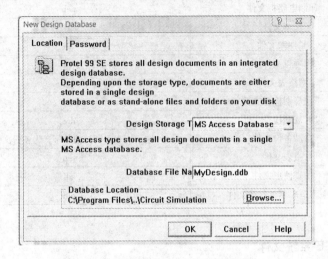

图 2-1　新建设计数据库对话框

图 2-2　文件另存对话框

（4）单击"OK"按钮，设计数据库文件"MyDesign.ddb"创建完毕，如图 2-3 所示。

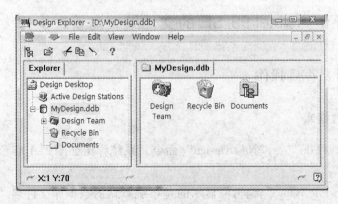

图 2-3　设计数据库文件管理窗口

**2. 设计数据库文件的打开与关闭**

（1）数据库文件的打开。打开数据库文件有 3 种方法。

方法一：打开数据库文件很简单，执行菜单"File" / "Open..."命令或单击工具栏上的图标按钮，系统会弹出如图 2-4 所示的对话框，可以单击向上一级图标和转到访问的上一个文件夹图标来访问要打开的设计数据库文件所在的位置。在"文件类型"下拉列表中选择"Design files（*.ddb）"，可快速将所要打开的设计数据库显示出来，再选择要打开的设计数据库，单击"打开"按钮即可打开该数据库。

方法二：在 Protel 99 SE 的主界面窗口中，单击工具栏上的图标 ☞，随即弹出如图 2-4 所示的对话框，同样可以打开设计数据库文件。

方法三：在没有启动 Protel 99 SE 的情况下，只要知道数据库文件的位置，双击要打开的数据库文件图标或右键单击数据库文件，在弹出的下拉菜单中选择"Open"命令打开。

（2）设计数据库文件的关闭。在不关闭 Protel 99 SE 的主界面的情况下，关闭设计数据库文件有以下三种方法。

方法一：执行菜单"File"→"Close Design"命令即可关闭当前设计的数据库文件，如图 2-5 所示。

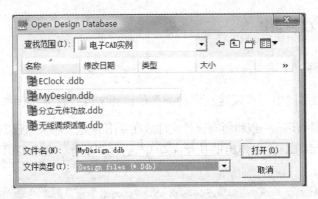

图 2-4　打开设计数据库文件

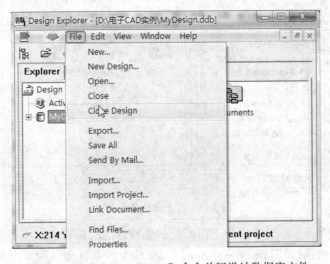

图 2-5　通过"Close Design"命令关闭设计数据库文件

方法二：直接单击如图 2-5 所示菜单栏上的 × 命令按钮即可。注意如果关闭的是标题栏上的命令按钮，则关闭的是 Protel 99 SE 的主界面。

方法三：在文件编辑器窗口切换标签上鼠标右键单击数据库文件，在弹出的快捷菜单中选择"Close"命令，如图 2-6 所示。

图 2-6　通过快捷菜单关闭设计数据库文件

当然也可以通过"File"→"Close"命令关闭当前正在设计的文件，每执行一次命令只能关闭一个文件，直到所有设计文件均已关闭，最后一次执行"File"→"Close"命令才能关闭当前设计数据库文件。

## 2.2.2　设计文件操作

### 1. 新建设计文件

在新建的设计数据库中，可以建立多种类型的设计文件，具体步骤如下：

（1）为了方便文件管理，一般将所有设计文件放在专用的文件夹中，所以双击工作窗口中文件夹图标或右键单击图标，在弹出的快捷菜单中选择"Open"命令打开文件夹，如图 2－7 所示。

图 2-7　打开设计文件夹

（2）如图 2-8 所示，在工作窗口空白处任一位置点击鼠标右键，在弹出的快捷菜单中单击"New…"命令或执行"File"→"New"菜单命令，系统会自动弹出如图 2-9 所示的对话框，对话框提供了 10 种文件编辑器，各文件编辑器说明如表 2-2 所示。

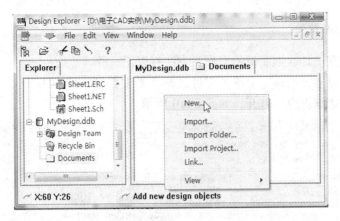

图 2-8　新建设计文件

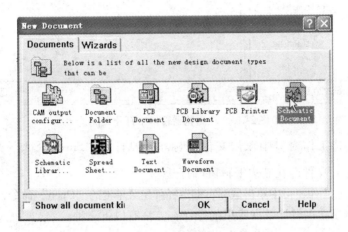

图 2-9　文件编辑器选择对话框

表 2-2　Protel 99 SE 的编辑器类型

| 编辑器类型 | 功　　能 |
| --- | --- |
| CAM output configuration | CAM 输出编辑器 |
| Document Folder | 文件夹编辑器 |
| PCB Document | 印制电路板编辑器 |
| PCB Library Document | PCB 元件库编辑器 |
| PCB Printer | PCB 输出打印编辑器 |
| Schematic Document | 原理图编辑器 |
| Schematic Library | 原理图元件库编辑器 |
| Spread Sheet Document | 表格编辑器 |
| Text Document | 文本编辑器 |
| Waveform Document | 仿真波形编辑器 |

（3）选择新建文件编辑器类型后，单击"OK"按钮，或者双击文件编辑器类型图标，新的文件就出现在"Document"文件夹中。

（4）选中文件后，按下"F2"键、单击文件名或单击右键选择"Rename"命令皆可修改文件名，然后在空白处单击鼠标左键就完成了文件的新建工作。

## 2. 设计文件打开与关闭

打开文件是指在设计数据库里的操作，方法有以下三种。

方法一：在浏览器管理窗口中单击文件图标。如要打开"Sheet1. Sch"文件，只要单击图标，文件即在右边编辑窗口打开，如图2-10所示。

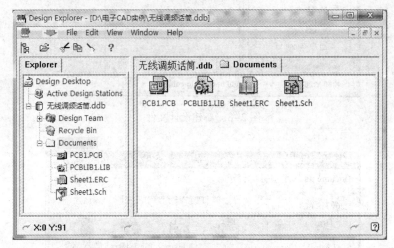

图2-10　在浏览器窗口中打开文件

方法二：在右边工作窗口中双击文件图标。如要打开"Sheet1. Sch"文件，只要双击 Sheet1.Sch 图标，文件即在右边编辑窗口打开。

方法三：在右边工作窗口中单击鼠标右键选择弹出菜单上的"Open"命令，也可打开文件。

文件的关闭也是指在设计数据库里的操作，方法有以下三种。。

方法一：执行"File"→"Close"菜单命令。

方法二：在文件编辑器窗口切换标签上单击鼠标右键，在弹出的快捷菜单中选择"Close"命令，如图2-11所示。

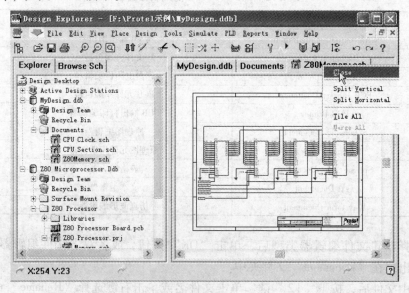

图2-11　从切换标签上关闭文件

方法三：在浏览器窗口中右键单击要关闭的文件，在弹出的快捷菜单上选择"Close"命令也可关闭文件，如图2-12所示。

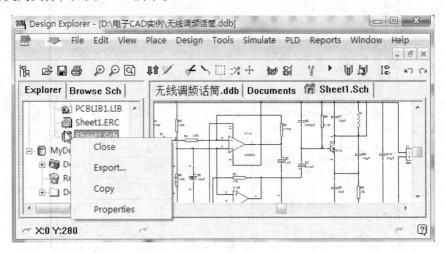

图2-12 从浏览器中关闭设计文件

### 3. 文件的复制与粘贴

文件的复制与粘贴是同时进行的，下面以具体操作步骤来说明。

（1）打开系统中数据库文件 C:\Program Files\Design Explorer 99 SE Examples\Z80 Microprocessor.ddb，点击 Z80 Processor 文件夹，在右边编辑器窗口显示该目录下的全部设计文件，如图2-13所示。按住 Ctrl 键依次选中 Memory.sch、CPU Section.sch、CPU Clock.sch 三个文件。

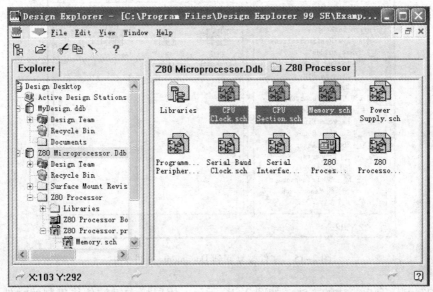

图2-13 选中数据库 Z80 Microprocessor.ddb 中的文件

（2）执行菜单命令"Edit"→"Copy"，这样就复制了上述3个文件。

（3）在左边文件管理器窗口中单击"Mydesing.ddb"前的"＋"号，展开设计数据库，再单击 Documents 文件夹，如图2-14所示。

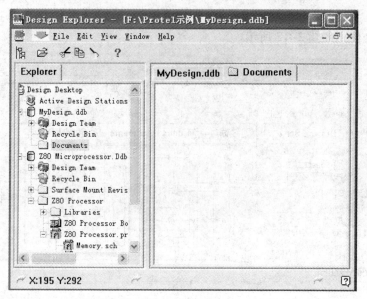

图 2-14　目标文件夹窗口

（4）执行菜单命令"Edit"→"Paste"，系统文件夹 Z80 Microprocessor. ddb 中的 Memory. sch、Power Supply. sch、Serial Baud Clock. sch 三个文件就被复制到新建设计数据库 Mydesign. ddb 中的 Documents 文件夹中了，如图 2-15 所示。

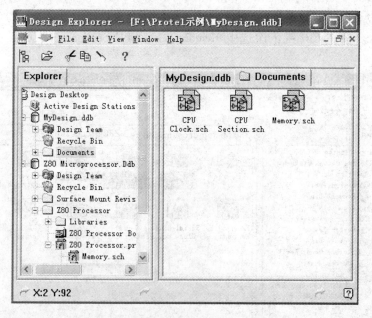

图 2-15　文件被复制到 Documents 文件夹中

文件的复制还有更简捷的方法，如图 2-16 所示，用鼠标左键按住待复制的文件，图中为"Power Supply. sch"，此时文件呈阴影显示。拖动鼠标移到目标文件夹的位置，如图 2-17 所示，这里选择的是"MyDesign. ddb"数据库中的"Document"文件夹，然后释放鼠标，完成了文件的复制，结果如图 2-18 所示。这种方法复制文件的缺点是要在浏览器管理窗口中同时打开源文件夹和目标文件夹。

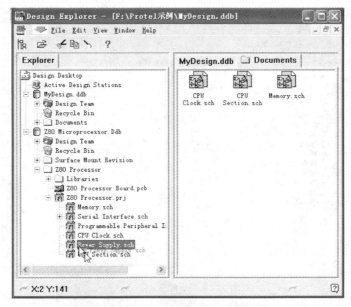

图 2-16　选择待复制文件

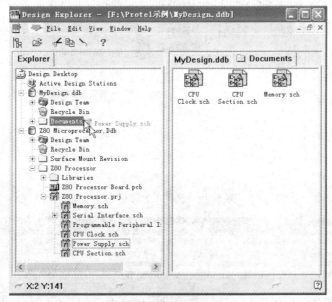

图 2-17　文件的复制

## 4. 文件删除与恢复

删除文件必须先将其关闭,文件删除方法有三种。

方法一:如图 2-19 所示,不论在左侧浏览器窗口,还是右侧工作区窗口,只要鼠标右键单击选中的文件,在弹出快捷菜单中选择"Delete"删除命令即可删除文件。

方法二:先选中该文件,再执行菜单命令"Edit"→"Delete"即可。

方法三;先选中该文件,再直接按键盘上的"Delete"键也可删除文件。

文件的恢复是在 Protel 99 SE 自带的回收站中进行的。在文件管理器窗口单击"Recycle Bin"回收站文件夹,在右侧窗口会显示被删除的文件,如图 2-20 所示,只要在所需恢复的文件上单击右键,选择菜单命令"Restore"即可。

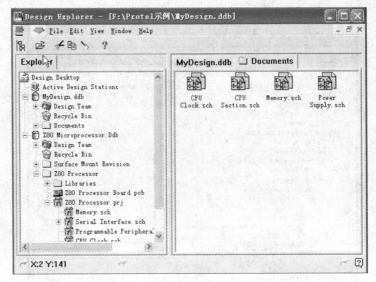

图 2-18  文件复制结果

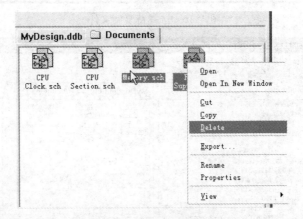

图 2-19  文件的删除操作

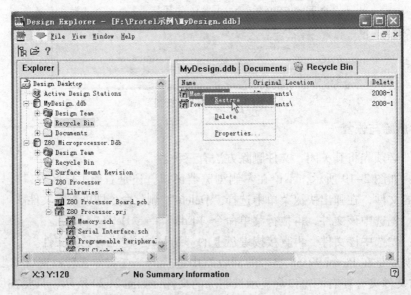

图 2-20  文件的恢复

## 2.3 任务7 应用实例——单一原理图文件的打开

由于 Protel 99 SE 所有文件都综合在一个集成的数据库文件中，一般是先打开数据库文件以后，再单独打开某一类型的文档。

在实际使用中，用户可能需要打开某单一独立的原理图文档，或者说该原理图不属于任一设计数据库，那么我们如何打开呢？下面我们通过例子来说明打开单一原理图文件的两种方法。

### 1. 导入法

例如，要求将 D:\Protel 文件夹中的"单管共射放大电路 sch"文件导入到新建的设计数据库文件中，步骤如下：

（1）打开新建数据库文件"MyDesign. ddb"及其内的"Document"文件夹，目前文件夹里有三个文件，如图 2-21 所示。

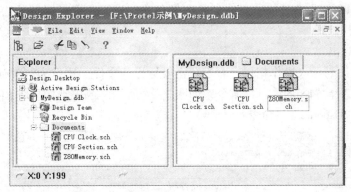

图 2-21  打开要导入文件的数据库文件

（2）执行菜单"File"→"Inport..."命令或在工作窗口空白处单击鼠标右键，在弹出的右键菜单中选择"Inport..."命令，然后在弹出的对话框中选择要导入的文件，如图 2-22所示。

图 2-22  选择导入的文件

（3）单击"打开"按钮，结果如图 2-23 所示，可以看到该文件已导入到数据库中，此时该文件已经属于"MyDesign. ddb"库文件夹的一部分了，用户可以按照普通文件的操作方式对其进行操作。

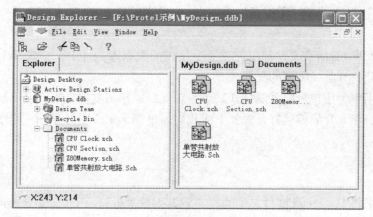

图 2-23　新导入的原理图文件

### 2. 直接打开法

由于在 Protel 99 SE 中对单一文件是无法保存的，为了介绍直接打开法，我们先将文件导出，然后再将其打开。

（1）文件的导出。

① 文件的导出与导入操作相似，右键单击要导出的文件，这里为"Memory. Sch"，在弹出的右键菜单中选择"Export. . ."命令，如图 2-24 所示。或先选中要导出的文件，再执行菜单"File"→"Export. . ."命令。

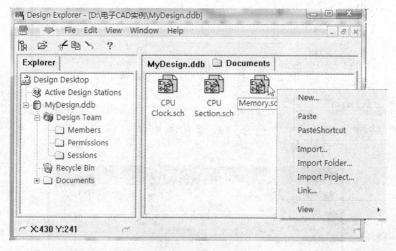

图 2-24　导出文件

② 系统会弹出如图 2-25 所示的导出文件对话框，选择好导出文件的保存位置后，单击"保存"按钮确定，结果见图 2-26，原理图文件"Memory. Sch"已经独立在新的文件夹中。

（2）直接打开。现将图 2-26 中所示单一的原理图文件打开。

① 直接在窗口中双击原理图文件，系统一般会直接弹出图 2-27 所示的对话框，要求用户给打开的原理图文件建立一个数据库，用户可以修改数据库的保存类型和名称，然后单击"Browse"按钮选择新建数据库文件的路径，设置好所有参数之后，单击"OK"按

钮确定。

图 2-25　导出文件对话框

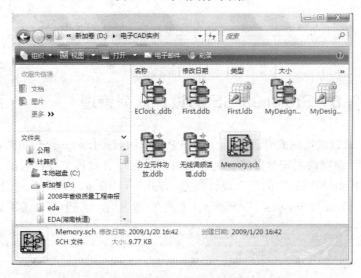

图 2-26　导出的单一原理图文件

图 2-27　新建数据库

② 随后，单一的原图文件就存在于新建的数据库中并且被打开，如图 2-28 所示。

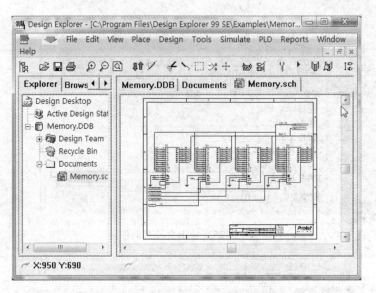

图 2-28　打开的单一原理图文件

## 2.4　任务 8　Protel 99 SE 的设计队列管理

Protel 99 SE 通过设计队列管理工具允许多个用户同时操作同一个项目数据库，设计队列管理既为项目设计组提供了安全保障，又能通过系统管理员对各个设计者的工作权限及范围进行统一设置。Protel 99 SE 中的每个设计数据库都带有 "Design Team"（设计队列），包括 Mermbers、Permissions 和 Sessions 三个部分，如图 2-29 所示，三个部分说明如下：

图 2-29　设计队列管理

- Members：队列中的成员管理文件夹，系统自带两个成员，一个是系统管理员（Admin），一个是客户（Guest）。用户创建设计数据库时，系统就默认用户是系统管理员，管理员可以增加或删除数据库的成员，也可以设置各成员进入数据库的密码。
- Permissions：队列中各成员对设计数据库中的文件进行操作的权限，包括只读（Read）、写入（Write）、删除（Delete）、创建（Create）四项。

● Sessions：包含设计数据库文件的名称、路径及成员等信息，主要起说明作用。

下面以具体操作来说明 Protel 99 SE 的设计队列管理方法，包括密码设定、成员添加和删除、成员权限设置等。

### 1. 设置系统管理员访问密码

方法一：执行菜单"File"→"New Design..."命令，弹出新建一个设计数据库对话框，单击对话框中的"Password"标签，选中"Yes"单选框，密码编辑框处于活动状态，在"Password"编辑框中输入密码，并在"Confirm Password"编辑框中再重复输入密码进行确认，如图 2-30 所示。单击"OK"按钮，完成了新建数据库访问密码的设定。

图 2-30　设定数据库访问密码

方法二：具体步骤如下。

（1）打开设计数据库，单击左侧窗口中的"Members"文件夹或双击右侧窗口中的"Members"文件夹，如图 2-31 所示。

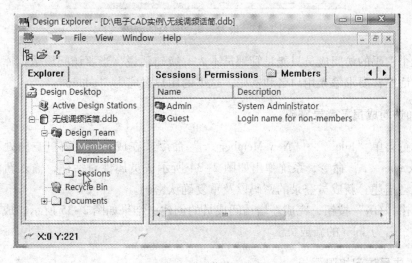

图 2-31　设计队列成员

（2）双击"admin"图标或鼠标右键单击"admin"图标，在弹出的快捷菜单上选择"Properties"命令，如图 2-32 所示。

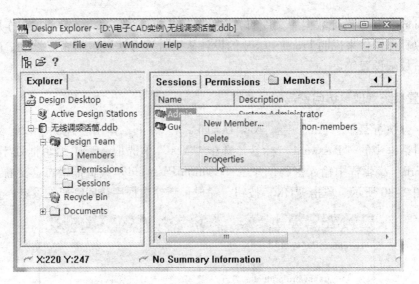

图 2-32　打开系统管理员的密码对话框

（3）随后弹出如图 2-33 所示的对话框，为系统管理员分配一个密码，然后单击"OK"按钮确定。

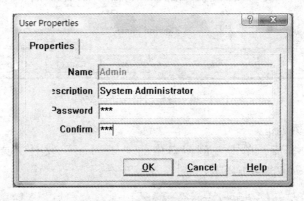

图 2-33　设置系统管理员的密码

注意这个密码的访问成员只能是管理员本人。换句话说，当要访问该数据库时，系统会弹出登录对话框，要求输入用户名和密码，这里的用户名应为"admin"。

**2. 增加访问成员及登录密码**

（1）执行菜单"File"→"New Member…"命令或在成员列表窗口空白处单击右键选择"New Member…"命令，系统弹出如图 2-34 所示成员属性对话框，输入新增成员的名称、成员类型描述、新成员登录的密码以及重复确认密码。

（2）单击"OK"按钮，完成新增访问成员的创建，结果如图 2-35 所示，成员名单列表中增加了一个名为 John 的新成员。

**3. 设置成员访问权限**

下面以成员 John 为例，设定其访问权限。

（1）单击"Permissions"文件夹，展开成员权限列表，如图 2-36 所示。

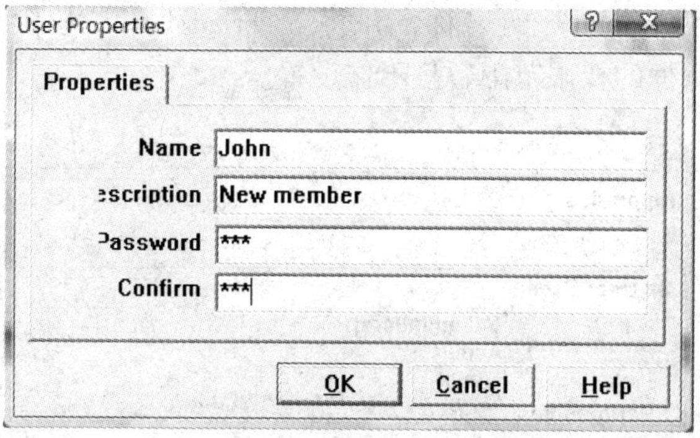

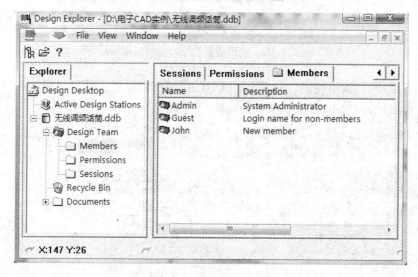

图 2-34　增加访问成员设置

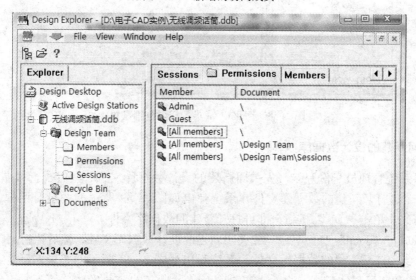

图 2-35　新增的访问成员

图 2-36　成员权限列表

（2）执行菜单"File"→"New Rule..."命令或在成员列表窗口空白处单击右键，选择"New Rule..."命令，系统弹出成员权限设置对话框，单击"Use Scope"列表框右边的▾按钮,从中选择新增成员"John"的名称,并将"Permissions"权限设置如图2-37所示,"Document Scope"编辑框的权限范围暂且不作设置。

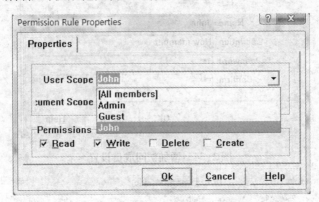

图 2-37 新增成员权限设置对话框

(3)单击"OK"按钮确定,完成新增成员的访问权限设置,结果如图2-38所示,从图中可以看出新增成员"John"的权限仅为[R,W]。

图 2-38 "John"成员的权限范围设置

### 4. 访问新建的设计数据库

(1)以系统管理员身份登录。先关闭新建的设计数据库文件,然后执行菜单"File"→"Open"命令,打开新建的数据库文件,系统弹出如图2-39所示的登录对话框,输入管理员名称和密码。单击"OK"按钮,即可打开新建的数据库文件。

(2)以成员"John"身份登录。先关闭新建的设计数据库文件,然后执行菜单"File"/"Open"命令,打开新建的数据库文件,系统弹出如图2-40所示的登录对话框,输入成员"John"名称和密码,注意这一次的密码是"John"自己的登录密码,而不是系统管理员的密码。单击"OK"按钮,即可打开新建的数据库文件。

由于成员"John"的权限仅仅是读和写,不能创建文件和删除文件,现在我们在设计数据库里试图创建文件,则系统会弹出对话框如图2-41所示,表明成员"John"没有创建文件的权利。

图 2-39　系统管理员访问数据库文件　　　　　图 2-40　成员"John"访问数据库文件

图 2-41　成员"John"没有创建文件的权利

注意：只有以管理员身份才能对其他成员设置访问权限；每个成员只能按规定的权限对文档进行操作。

## 2.5　任务9　技能训练

（1）在 E 盘建立文件夹"CAD_protel"，然后启动 Protel 99 SE，在"CAD_protel"中建立名称为"Test. ddb"的设计数据库文件。

操作提示：

① 单击开始菜单按钮，在快速启动程序菜单中单击 protel 99 SE 图标。

② 若打开的设计环境中已有设计数据库文件，选择"File"→"Close Design"菜单命令将其关闭。

③ 若设计环境中没有设计数据库文件，就选择"File"→"New Design"菜单命令。在弹出的对话框中输入设计数据库文件名"Test"。

④ 单击"Browse"将设计数据库保存在 E:\ CAD_protel 路径中。

（2）在练习1的基础上，进入数据库文件夹"Document"，完成以下任务：

① 新建名为"Circuit. Sch"的原理图文件。

② 新建名为"SchCircuit. Lib"的原理图元件符号库文件。

③ 新建名为"Circuit. PCB"的印制电路板文件。

④ 新建名为"PCBCircuit. LIB"的元件封装库文件。

操作提示：在 Protel 99 SE 的主界面中，执行"File"/"New"菜单命令，在弹出的对话框中选择相应的文件编辑器即可。

⑤ 依次启动各文件编辑器。

⑥ 在各编辑器之间切换。

操作提示：在工作区窗口单击相应的切换标签。

⑦ 先逐一关闭各设计文件，再关闭设计数据库。

⑧ 再次打开设计数据库文件"Test. ddb"。

（3）启动 Protel 99 SE，同样建立名为"Test. ddb"的数据库文件，采取系统默认的保存路径，然后关闭数据库文件，要求找到其路径。

操作提示：系统默认的保存路径是："C:\Program Files\Design Explorer 99 SE\Examples"。

（4）将"C:\Program Files\Design Explorer 99 SE\Examples"中的"Z80 Microprocessor. ddb"复制到 E:\ CAD_protel 文件夹中，完成以下操作：

① 将"Memory. Sch"和"Power Supply. Sch"两个文件复制到"Test. ddb"数据库文件中。

操作提示：在浏览器窗口（又称文件管理器窗口）中将两个数据库都打开，单击"Z80 Proceeeor"文件夹前的"+"图标，选中"Memory. Sch"和"Power Supply. Sch"两个文件，按住鼠标左键不放，将其拖入到"Test. ddb"数据库中的"Document"文件夹中即可。

② 将刚复制到"Test. ddb"数据库中的"Memory. Sch"和"Power Supply. Sch"两个文件分别改名为"M. Sch"和"P. Sch"。

③ 将"M. Sch"和"P. Sch"两个文件删除并还原。

④ 将"Z80 Microprocessor. ddb"中的"CPU Clock. Sch"导出到 E:\ CAD_protel 位置。

⑤ 将 E:\ CAD_protel 中的"CPU Clock. Sch"导入到"Test. ddb"中。

（5）进入"Test. ddb"中，单击"Design Team"前的"+"图标，完成以下操作：

① 设置系统管理员登录密码为"123"。

提示：若不设置系统管理员登录密码，那么设置新增成员的密码是不起作用的，在打开数据库时系统就不会弹出登录对话框。

② 新增成员"He"和"She"，并分别设置密码为"111"、"222"。

③ 将"He"的权限设置为只读，将"She"权限设置为只读与创建。

④ 分别以"He"和"She"的身份登录设计组，并创建一个原理图文件，观察两者有何区别？

操作提示：登录时一定要分清各自的名称和密码，由于"He"的权限是只读，所以其不能创建原理图文件；而"She"可以。

# 实训 3　原理图参数设置

## 学习目标

（1）熟悉原理图编辑器环境。
（2）掌握浏览原理图的基本操作方法。
（3）掌握设计原理图图纸参数设置的要素与方法。
（4）掌握设计原理图环境参数设置的要素与方法。

绘制电路原理图是 Protel 99 SE 最重要的功能之一，也是进行电路设计的第一步，电路原理图绘制的好坏将会直接影响后续 PCB 电路板设计的正确性。同时一个整齐美观的电路图还可以提高电路的可读性，方便交流使用。

在绘制原理图之前，设计者要对原理图编辑器环境做到熟悉掌握，能够对环境参数进行设置。

## 3.1　任务 10　认识原理图编辑环境

### 3.1.1　原理图编辑器界面

启动 Protel 99 SE，按照实训 2 的介绍，新建设计数据库文件"First. ddb"，在其文件夹"Document"中新建原理图文件"Circuit. Sch"。双击原理图文件"Circuit. sch"图标，进入原理图设计编辑器界面，如图 3-1 所示。

在原理图编辑器界面中，菜单栏包含了绘制原理图所需的所有命令，主工具栏集中了最常用的按钮命令，它可以代替菜单命令进行快捷操作。

界面中间分两个窗口，右边的是原理图编辑区窗口，该窗口正常时有连线工具栏与绘图工具栏处于浮动状态，其他四个工具栏要通过"View"／"Toolbars"菜单命令才可以打开。编辑区窗口上部是文件切换标签，通过单击标签可以切换到不同的文件编辑器中。右下角是图纸标题栏，显示的是电路设计的相关信息。中间的图纸是原理图编辑区域，所有的操作均要在图纸内进行。

左边的是设计管理器窗口，该窗口有两个标签，分别为文件浏览器标签和元件库浏览器标签，如图 3-2（a）、（b）所示。其中文件浏览器窗口是用来管理整个设计数据库的文档，文件以目录树的形式展开，管理方便简捷，这也是 Protel 99 SE 的"SmartDoc"技术所在。元件库浏览器窗口用来管理当前原理图绘制时需要的元件库、元件库中的元件编辑与放置、元件查找与显示等。

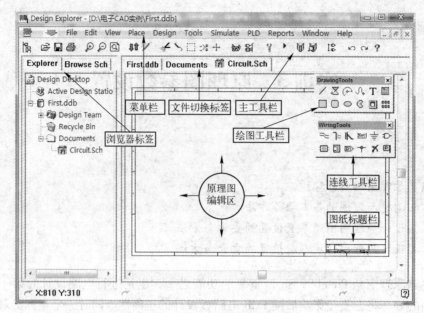

图 3-1　原理图编辑器界面

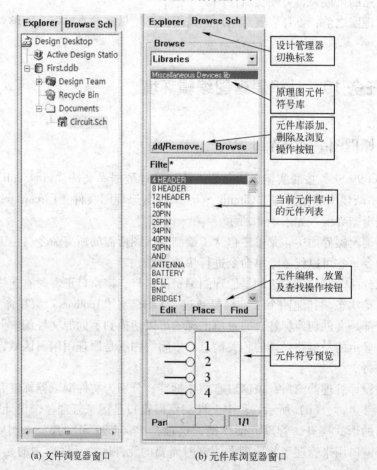

(a) 文件浏览器窗口　　　　(b) 元件库浏览器窗口

图 3-2　设计管理器窗口

### 3.1.2 原理图编辑器界面的操作

**1. 设计管理器窗口的打开与关闭**

单击工具栏中的 图标按钮或执行菜单"View"→"Design Manager"命令即可打开或关闭设计管理器，此操作在浏览原理图时非常有用。

**2. 文件浏览器与元件库浏览器之间的切换**

单击设计管理器窗口中的标签"Explorer"设计管理器即切换到文件浏览器；单击设计管理器窗口中的标签"Browser Sch"，设计管理器即切换到元件库浏览器。

**3. 工具栏的打开与关闭**

所有工具栏均可通过执行菜单"View"→"Tooibars"命令，展开各种工具栏的打开与关闭，如图3-3所示。例如，若当前主工具栏处于活动状态，只要单击子菜单中的"Main Tools"命令，即可关闭主工具栏，再重复执行一次，又打开主工具栏。值得注意的是主工具栏中有两个图标，如图3-4所示，通过单击两个图标可以对连线工具栏和画图工具栏进行打开与关闭，这在电路图绘制时经常要用到。

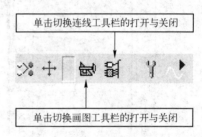

图3-3　打开与关闭工具的子菜单　　　　图3-4　图标打开与关闭工具栏

**4. 工具栏的拖动**

在绘制原理图时，有时为了方便需要改变工具栏的停靠位置，现以连线工具栏为例说明此操作。

将鼠标左键按住连线工具栏的任一空白处，如图3-5（a）所示，然后拖动到编辑区右边释放，连线工具栏就停靠在窗口右边，如图3-5（b）所示，如果需要将连线工具栏还原为浮动状态，只要用鼠标左键按住连线工具栏中间空白处，在出现虚框后再拖动至任一位置即可，如图3-5（c）所示。

**5. 状态栏与命令栏的打开与关闭**

执行菜单"View"→"Status Bar"命令，可对状态栏的打开与关闭状态进行切换，状态栏打开时将显示当前光标的坐标位置、当前所选择的操作对象及依次显示的功能键。

执行菜单"View"→"Command Status"命令，可对命令栏的打开与关闭状态进行切换，命令栏显示当前操作下的可用命令。

**6. 图纸显示状态的放大与缩小**

用户在进行原理图设计时，有时经常需要将绘图区放大或缩小，以满足工作要求，有三种方法可以放大或缩小图纸。

方法一：无论当前光标处于什么状态，只要单击功能键就能改变图纸的显示状态。功能键的功能如图 3-6 所示，功能键的操作是正常设计时最有效的途径。

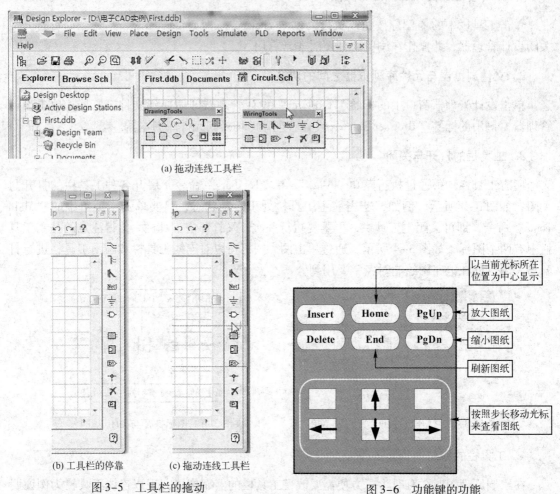

(a) 拖动连线工具栏

(b) 工具栏的停靠　　(c) 拖动连线工具栏

图 3-5　工具栏的拖动

图 3-6　功能键的功能

方法二：单击主工具栏里 ⊘ 图标按钮可以放大图纸，单击 ⊘ 图标按钮可以缩小图纸。

方法三：主菜单命令"View"中的各子菜单命令对图纸的放大或缩小操作更丰富，各子命令如图 3-7 所示。

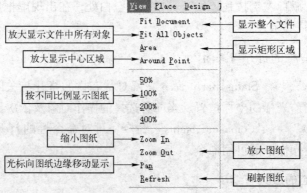

图 3-7　菜单命令"View"中的子命令

## 3.2 任务11 原理图图纸参数设置

在进入原理图编辑环境时，系统会自动给出默认的图纸相关参数，但考虑到电路的复杂程度，绘制原理图之前先要对图纸重新进行设置，用户可利用原理图编辑器来定义图纸的尺寸和风格。

### 3.2.1 设置图纸外观参数

执行菜单"Design"→"Options..."命令，打开图纸属性设置对话框，单击"Sheet Options"选项卡，如图3-8所示。

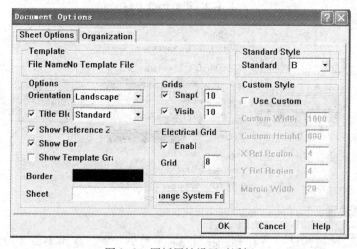

图3-8 图纸属性设置对话框

#### 1. 设置图纸大小

单击图3-8中右上角的"Stadard Style"下拉列表框，弹出各种图纸尺寸的的选项，Protel 99 SE 一共有18种标准图纸可供选择，移动鼠标选定相应项即可。

各种类型的图纸尺寸分类如下：

- 公制：A0（最大）、A1、A2、A3、A4（最小）。
- 英制：A（最小）、B、C、D、E（最大）。
- Orcad 图纸：OrcadA、OrcadBOrcadC、OrcadD、OrcadE。
- 其他：etter、Legal、Tabloid。

如果想自己定义图纸尺寸，则可选择"stadard Style"下面的复选框"Use Costom"，可改变图纸尺寸大小。

#### 2. 设置图纸方向

通过图3-8中"Options"区域中的"Orientation"下拉列表框可设定图纸是水平放置还是垂直放置。其中 Landscape 表示图形水平放置，portrait 表示图形垂直放置，如图3-9所示。

#### 3. 设置标题栏

图3-9所中的"Options"区域有四个复选框可供选择，通过选择可设置图纸的方向、图

纸标题栏类型和是否显示标题栏、图纸的边框是否显示、图纸是否保留参考坐标等属性，各选项说明如图3-10所示。

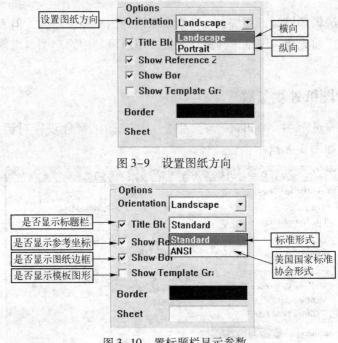

图 3-9　设置图纸方向

图 3-10　置标题栏显示参数

### 4. 图纸颜色设置

在"Options"区域的最下方有 Border 和 Sheet 两个选项，是用来设置图纸的背景色和边框色，后面的颜色所代表的意义如图3-11所示。只要双击颜色区域，就会弹出图纸颜色选择对话框，可以通过"Basic colors"下拉列表框选择需要的图纸颜色，还可以通过单击"Define Custom Colors"命令按钮来自定义图纸颜色。

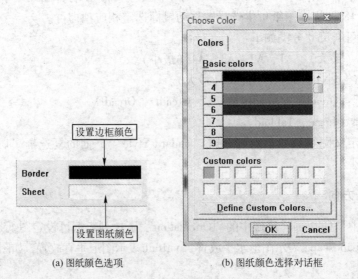

(a) 图纸颜色选项　　　　　　(b) 图纸颜色选择对话框

图 3-11　图纸颜色设置

### 3.2.2　设置图纸栅格参数

#### 1. 栅格概念

栅格是 Protel 99 SE 中非常重要的概念，只有弄懂栅格的概念，才会在以后的应用中准确可靠地设置，系统默认栅格单位为英制单位 mil。

（1）Snap On（锁定栅格）：又叫捕捉栅格，选中该项时，表示光标移动的单位间距，一般在放置图件时需要设置栅格大小。未选中该项，光标以 1mil 为基本单位移动。

（2）Visible（可视栅格）：选中该项时，图纸上就可以看到网格，其后的数值就是网格的大小，未选中该项时，网格就不可见。系统默认锁定网格与可视网格大小相等，这为元件的放置与线路连接带来了很大的方便，使用户可以轻松地排列元件和整齐地走线。

（3）Electrical Grid（电气栅格设置）：如果选中该项，在连接导线时，系统就自动地以 Grid 栏中的设置值为半径向周围搜索电气节点，若找到了最近的节点，光标自动地移到该节点上并显示一个小黑圆点。不选择该项时，系统就取消了自动寻找电气节点的功能。

#### 2. 设置图纸栅格

如图 3-12 所示，可以进行图纸栅格参数设置。

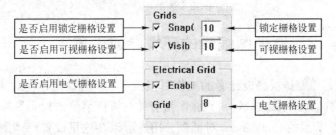

图 3-12　图纸栅格的设置

### 3.2.3　系统字体设置

单击图 3-9 中的"Change System Font"按钮会弹出字体设置对话框，如图 3-13 所示，可以对原理图编辑中所用的字符进行字体、字形、大小、颜色等设置。

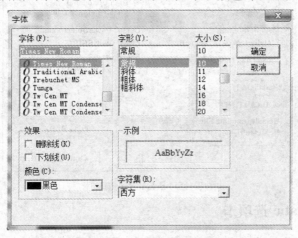

图 3-13　字体设置对话框

### 3.2.4 图纸信息设置

执行菜单"Design"→"Options..."命令,打开图纸属性设置对话框,单击"Organization"选项卡,如图3-14所示,在该标签中可填写设计者单位名称、单位地址、文件标题名、图纸编号、图纸总数、设计日期及版本号等参数。

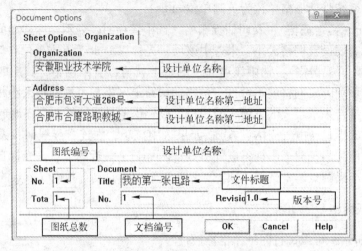

图3-14 图纸信息设置

## 3.3 任务12 原理图编辑的环境参数设置

原理图编辑参数主要是根据设计者的工作习惯而定。一旦设定,将对所有原理图都有效,它与图纸参数不一样,图纸参数只针对该张图纸有效。执行菜单"Tools"→"Preferences"命令,打开如图3-15所示的Preferences对话框,用户可以在这里设置原理图编辑的环境参数,该对话框有3个选项卡,其中"Schematic"和"Graphical Editing"2个选项卡比较常用。

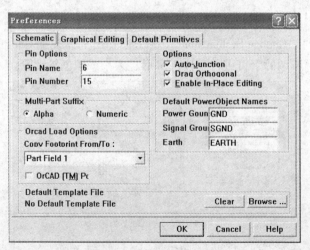

图3-15 Schematic 选项卡

### 3.3.1 Schematic 选项卡

如图3-15所示,Schematic选项卡用于设置原理图的环境参数。

### 1. 设置引脚参数

"Pin Option" 区域主要用来设置原理图元件符号中的引脚名称和编号到元件符号边缘的距离，如图 3-16 所示。

### 2. 设置多功能单元子件的后缀

Protel 99 SE 的元件库中有很多多功能单元元件，如 74LS00 就是由四个二输入与非门单元子件组成。"Multi-Part Suffix" 区域主要用来设置多功能单元子件的后缀编号方法，如图 3-17 所示。

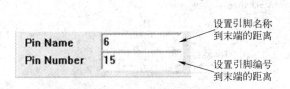

图 3-16　设置引脚参数

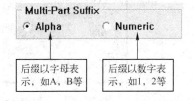

图 3-17　设置多功能单元子件的后缀

### 3. 优化设置

在 "Options" 区域中，有三个复选框，用户可以根据自己的需要对原理图绘制过程进行优化设置。各项功能如图 3-18 所示。

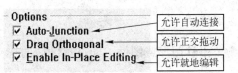

图 3-18　优化设置选项

### 4. Default PowerObject Names 区域说明

- Power Ground：电源地的默认网络标号为：GND。
- Singal Ground：信号地的默认网络标号为：SGND。
- Earth：屏蔽地的默认网络标号为：EARTH。

## 3.3.2　Graphical Editing 选项卡

如图 3-19 所示，Graphical Editing 选项卡用于设置原理图的图形属性。

### 1. Options 区域说明

- Clipboard Reference：选中该复选框，表示在进行复制操作时，系统会要求用户确定复制参考点。复制时，十字光标相对于被复制对象的位置就是被粘贴对象相对于鼠标单击点的位置。
- Add Template to Clipboard：选中该项表示在复制或剪切原理图文件到第三方软件（如 Word）中连同模板添加至剪切板中。
- Convert Special Strings：选中该项表示在编辑文本时，特殊字符串所表达的内容以实际意义显示在图形上或能打印显示。

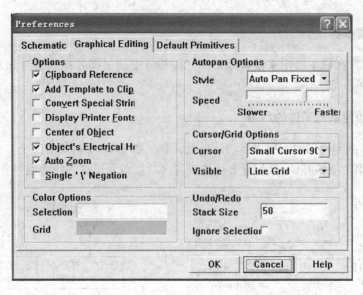

图 3-19  Graphical Editing 选项卡

● Center of Object：选中该项时，用户按住元件对象拖动时，光标定位于中心基准点，一般基准点为元件的左上角。关闭该项时，光标可以以元件任意位置为基准点进行拖动。

● Object's Electrical Hot Spot：选中该项时表示开启电气热点捕捉功能，这样在移动或拖动对象时，当鼠标指向元件并按下左键时，光标自动跳到该对象的电气连接点上。

## 2. Autopan Options 区域说明

在绘制原理图时，常常要平移图形或图件，通过本区域的选项可以设置移动方式和移动速度。

（1）设置图形移动方式。单击"Style"下拉列表框下，弹出三个选项，各选项含义如下：

● Atuo Pan Off：关闭移动功能，当拖动图件时，图纸不动，只能在显示工作区的范围内移动。

● Auto Pan Fixed Jump：以设定的速度移动，速度设定由下面的 Speed 滑动栏决定。

● Auto Pan Recenter：移动原理图时，以光标的位置作为新的显示中心。

（2）设置移动速度。拖动"Speed"滑动栏里的滑块向左右移动，就可设定图纸的移动速度。

## 3. 光标与栅格形状设置

在 Cursor/Grid Options 区域中，可以进行光标形状和栅格形状设置。

（1）光标形状。

● Small Cursor 90：小光标，90°角方向。

● Small Cursor 45：小光标，45°角方向。

● Large Cursor 90：大光标，90°角方向，光标十字线一直延长到工作区边缘。

（2）栅格形状。

● Line Grid：栅格以线条显示。

● Dot Grid：栅格以点线显示。

**4. 撤销操作次数设置**

如图 3-20 所示，在 Undo/Redo 区域中有一个 Stack Size（堆栈大小）的编辑框，它表示用户可以快速地撤销当前操作，返回到前面的编辑状态，返回的次数可以自行设定，默认情况下为 50 次。

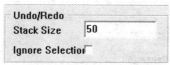

图 3-20　Undo/Redo 区域

## 3.4　任务13　技能训练

（1）在 E 盘建立文件夹"CAD_ protel"，然后启动 Protel 99 SE，在"CAD_ protel"中建立名称为"Test2. ddb"的设计数据库文件，在该数据库中新建一个"Sch1. Sch"的原理图文件，并启动原理图编辑器，然后完成以下操作：

① 关闭和打开连线工具栏和绘图工具栏，并拖动其停靠位置。

操作提示：利用主工具栏中的 和 两个图标。

② 打开和关闭 Power Objects、Digital Objects、Simulation Sources、PLD Toolbar 四个工具栏。

操作提示：利用"View"→"Toolbars"菜单命令。

③ 将图纸设置为 A4，图纸方向为横向，关闭图纸边框，去掉可视栅格，将捕捉栅格设置为 5，电气栅格设置为 4。

操作提示：执行"Design"→"Options"菜单命令，在弹出的对话框中单击"Sheet Options"选项卡，设置如图 3-21 所示。

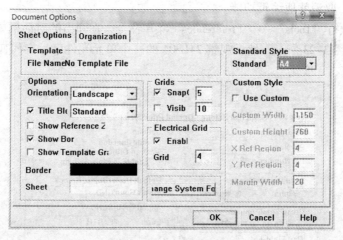

图 3-21　设置图纸格式

④ 将字体设置为楷体，字形设置为粗体，大小设置为 12，字体颜色设置为蓝色。

⑤ 建立文件信息，在图 3-22 所示的标签中填写详细信息。

（2）打开"C:\Program Files\Design Explorer 99 SE\Examples\Z80 Microprocessor. Ddb"数据库中原理图文件"CPUClock. Sch"，完成以下的操作：

① 将原理图按照 200% 的比例显示。

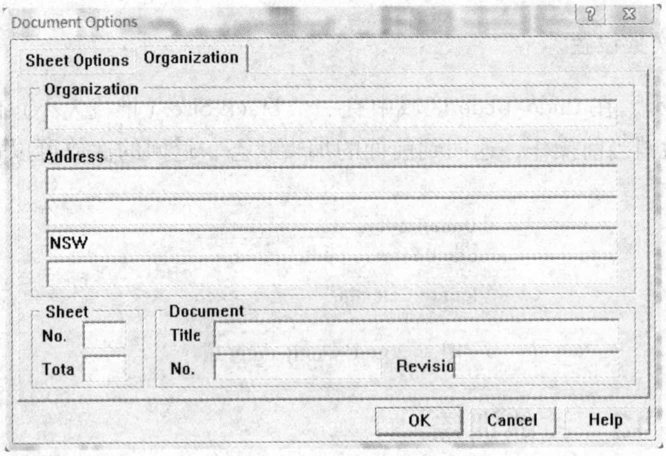

图 3-22　填写文件信息

操作提示：执行菜单命令"View"→"200%"。

② 以电路中的 74LS04 中的 U9A 单元部件为中心进行显示。

操作提示：将光标指向 74LS04 中的 U9A 单元部件，然后按下键盘上的功能键"Home"即可，注意这个快捷操作非常有用。

③ 将原理图分别以图纸全部显示和电路图最大化显示两种方式显示电路，观察有何不同？

操作提示：分别按下快捷键 V/D 和快捷键 V/F。注意这两个快捷操作非常有用。

④ 将光标停在原理图任何位置，按下键盘上的上、下、左、右光标移动键，观察图纸的移动，再将"Shift"键和光标键同时按下，观察图纸移动情况。

⑤ 将元件引脚编号与引脚末端距离设置为 5，多功能单元元件序号用数字表示，关闭自动放置节点功能，取消就地编辑功能。

操作提示：执行"Tools"→"Preferences"菜单命令，在弹出的对话框中单击"Schematic"选项卡，设置如图 3-23 所示，然后观察 74LS04 的三个单元元件序号有何变化，1～6 六个数字与引脚末端距离有无变化。

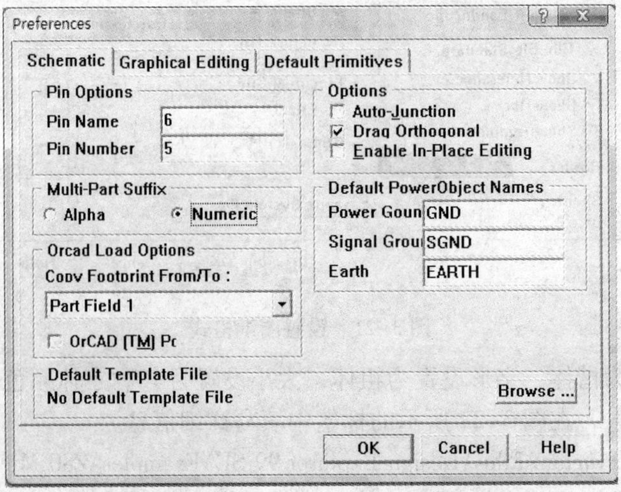

图 3-23　原理图环境参数设置

⑥ 关闭将图纸模板复制到剪切板的功能，将网格设置为点状网格，光标设置为小45°。

操作提示：执行"Tools"→"Preferences"菜单命令，在弹出的对话框中单击"Graphical Editing"选项卡，具体设置如图3-24所示。

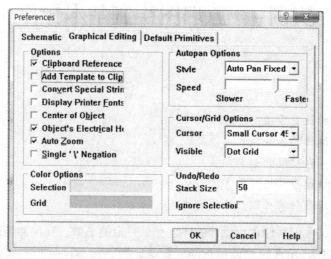

图3-24 原理图图形属性设置

# 实训 4  原理图绘制基本操作

**学习目标**

(1) 掌握元件的放置方法。

(2) 掌握元件编辑的各种操作方法。

(3) 掌握元件阵列粘贴的基本方法。

(4) 掌握元件快速布局的基本方法。

(5) 掌握边线工具栏的功能与使用方法。

在上一实训中，我们对原理图设计的环境有了一定的了解，在绘制原理图过程中还需要熟练掌握元件库装载、元件的编辑和布局、图件放置、菜单命令和工具栏的使用等操作方法，这样才能提高绘图的效率和准确性。

## 4.1  任务 14  元件的放置与编辑

元件的编辑操作种类较多，而每种编辑都有好几种方法，主要是通过主工具栏按钮、菜单命令、快捷健来实现操作。

图 4-1  选择电阻元件符号

**1. 元件放置**

元件的放置有以下几种方法，前提是首先新建电路原理图并添加元件库，添加元件库状元 们在后续内容中将加以介绍，由于元件库 "Miscellaneous Devices. ddb" 在新建原理图时系统默认载入 ，所以现在可通过电阻为例来说明元件的放置。

方法一：在原理图元件浏览器窗口，如图 4-1 所示，双击电阻元件名称 "RES2"，电阻元件随即处于悬浮状态跟随光标移动，到合适的位置单击鼠标左键放置即可。也可单击选中的电阻元件，再单击 "Place" 按钮同样可以放置该元件。

方法二：放置执行 "Place"→"Part..." 菜单命令。

方法三：依次按下 "P/P" 快捷键。

方法四：单击连线工具栏上的 ⊄ 图标。

执行上述三种操作中任何一种系统都会弹出如图 4-2 所示的放置元件符号对话框。在 "Lib Ref" 编辑框中输入电阻名称 "RES2"（注意元件的名称是唯一的，用户不能更改），在 "Designator" 编辑框中输入元件序号，在 "Part type" 编辑框中输入元件参数，（"footprint" 编辑框可暂时不输入，在 PCB 设计中再介绍)，单击 "OK" 按钮确定。

随即光标上悬浮着电阻元件，移到图纸上合适的位置单击鼠标左键放置即可。放置结束后，系统再次弹出如图4-2所示的对话框，并且元件序号自动加1，用户可以连续进行放置元件的操作，如果想退出，单击"Cancel"命令按钮或按下"Esc"键即可退出。

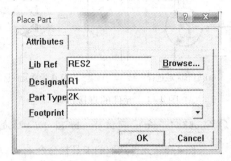

图4-2 放置元件符号对话框

## 2. 元件的属性设置

系统处于放置元件命令状态时，可按下"Tab"键或者在元件放置后双击元件符号，都可以打开元件属性设置对话框，例如，电阻元件的属性设置对话框如图4-3所示，在该对话框中可以设置元件的序号、封装、颜色、显示和描述等参数信息（注意一般元件的名称是不能更改的，除非你想把该元件更换为另一个元件）。

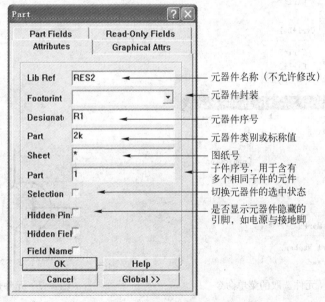

图4-3 元件属性设置对话框

## 3. 元件的选取与点取

Protel 99 SE对元件的选择有选取和点取之分，两种操作各有特点。

（1）元件的选取。元件选取既可对单一元件进行选取，又可对一个矩形区域内的所有元件进行选取，被选取后的元件区域呈高亮度显示，该操作方法主要有三种：

方法一：直接在目标区左上角单击鼠标左键，按住鼠标左键拖到目标区的右下角松开鼠标，则在区域内的所有对象被选取，如图4-4所示。

方法二：单击主工具栏上的 图标，如图4-5所示。

R3
750K
C4
10uF
VT1

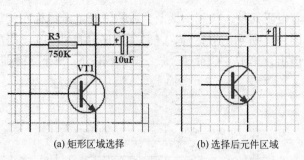

(a) 矩形区域选择　　　　(b) 选择后元件区域

图 4-4　元件的直接选取

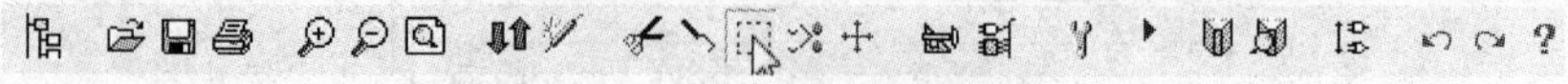

图 4-5　元件选取的工具栏命令

方法三：执行“Edit”→“Select”→“Inside Area”命令，如图 4-6 所示。

（2）元件的点取。元件的点取操作就是直接单击元件本身，元件点取后四周呈虚框显示，这种操作常与“Delete”删除键配合使用删除单个元件，如图 4-7 所示。

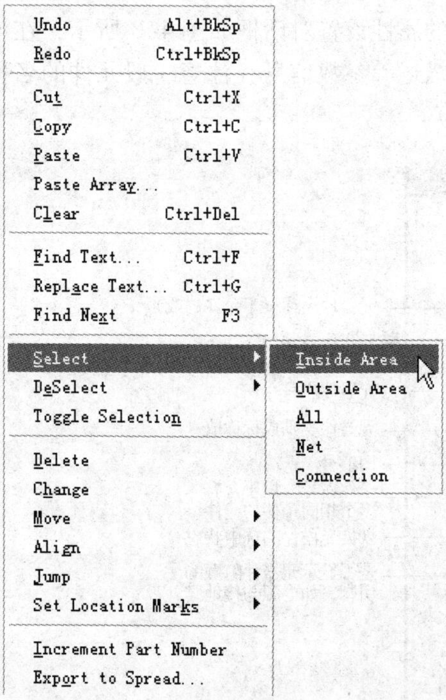

Undo　Alt+BkSp
Redo　Ctrl+BkSp
Cut　Ctrl+X
Copy　Ctrl+C
Paste　Ctrl+V
Paste Array...
Clear　Ctrl+Del
Find Text...　Ctrl+F
Replace Text...　Ctrl+G
Find Next　F3
Select
DeSelect
Toggle Selection
Delete
Change
Move
Align
Jump
Set Location Marks
Increment Part Number
Export to Spread...
Inside Area
Outside Area
All
Net
Connection

图 4-6　元件选取的菜单命令

VT4

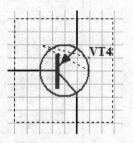

图 4-7　元件点取

## 4. 元件选取的消除

（1）元件选取的消除。针对元件选取，消除元件的选取主要有两种方法：

方法一：最快的方法是直接单击主工具栏上的 ⋙ 图标，如图 4-8 所示。

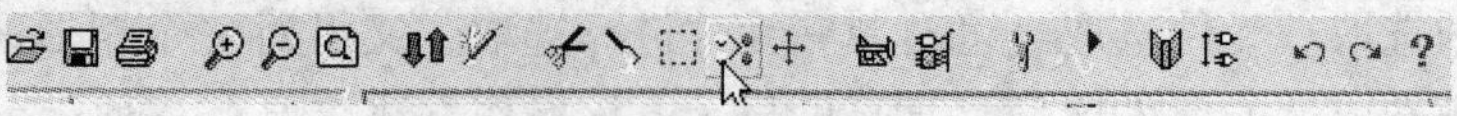

图 4-8　元件消除的工具栏命令

方法二：执行菜单“Edit”/“DeSelect”/“All”命令。

（2）元件点取的消除。在图纸空白处单击鼠标左键，即可消除元件的点取。

### 5. 元件位置的改变

在放置好元件之后，无论从电路图整体识读考虑，还是从美观角度出发，用户要经常对某些元件位置作适当调整，位置调整的方法比较丰富，现逐一加以介绍。

（1）元件的移动。

① 移动单个元件。单个元件移动主要有两种方法：

方法一：鼠标左键直接按住需要移动的元件移动光标至合适的位置，松开鼠标左键，即完成了单个元件的移动，如图4-9所示。

方法二：执行"Edit"/"Move"/"Move"菜单命令，光标变为十字形状，将光标移动到所要移动的元件上单击左键，元件符号立即粘附在光标上，此时松开鼠标左键也不影响元件符号的粘附，移动光标至合适的位置单击左键即可完成移动操作。此时光标仍处于命令状态，可继续移动其他元件，单击鼠标右键或按下"Esc"键可退出移动命令状态。

② 同时移动多个元件。多个元件的移动首先必须选取所要移动的元件，然后按照下面任一种操作方法均可移动。

方法一：直接按住选取区域中的任意一个元件移动光标即可。

方法二：单击主工具栏上的 十 图标，在光标变为十字形状后，移动光标至选取区域的任一位置，单击鼠标左键，选取区立即粘附在光标上并跟随光标移动，如图4-10所示，移动光标至合适的位置，单击鼠标左键即完成多个元件的移动。

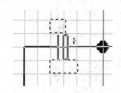
    图4-9　移动单个元件

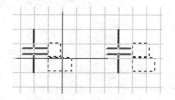
    图4-10　同时移动多个元件

方法三：执行"Edit"/"Move"/"Move Selection"菜单命令，在光标变为十字形状后，其余操作同方法二。

（2）元件的拖动。有时需要保证元件间的电气连接不能断开的情况下来移动元件，拖动命令可以实现这一操作。

执行"Edit"/"Move"/"Drag"菜单命令，光标变为十字形状，接下来的操作与移动操作命令相同。只是拖动操作与移动操作的区别在于，拖动操作使移动对象与其他未移动对象的连接关系继续保持，而移动操作却使这种连接关系不复存在，如图4-11所示。

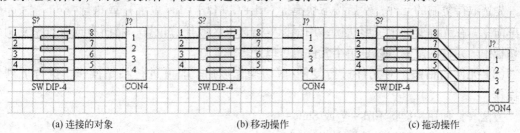

  (a) 连接的对象     (b) 移动操作     (c) 拖动操作

图4-11　移动与拖动结果比较

（3）元件的旋转。在实际绘图时，经常要求对元件方向进行改变，Protel 99 SE 没有具体的命令，但却提供了很有用的功能热键。元件的旋转操作必须要在英文状态下，并且鼠标左键按住要旋转的元件不能松开。

① 90°旋转。单击 Space（空格）键一次，元件以光标位置为参考点逆时针旋转90°。效果如图 4-12 所示。

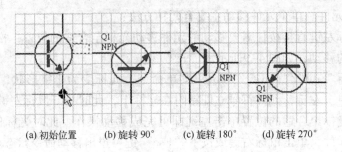

(a) 初始位置　　　(b) 旋转 90°　　　(c) 旋转 180°　　　(d) 旋转 270°

图 4-12　90°旋转的效果

② 水平翻转。单击 X 键，元件以纵轴为对称轴并以光标位置为参考点进行翻转，效果如图 4-13 所示。

③ 垂直翻转。单击 Y 键，元件以横轴为对称轴并以光标位置为参考点进行翻转，效果如图 4-14 所示。

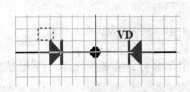

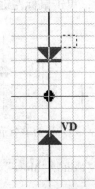

图 4-13　元件水平翻转　　　　　图 4-14　元件垂直翻转

### 6. 元件的复制/剪切、粘贴/阵列粘贴与删除

（1）元件的复制/剪切。元件的复制和剪切操作类似，都是为粘贴做准备的，现以元件复制为例来说明该操作。

先选取待复制的元件，然后按下快捷键 Ctrl + C（Ctrl + Ins 也可）或执行"Edit"/"Copy"菜单命令，在光标变为十字形状后，用鼠标单击选取区域任意位置，将所有选取对象复制到剪切板中。元件的复制可以是单个元件也可以是多个元件。

（2）元件的粘贴。对元件进行复制/剪切操作以后，即可进行粘贴操作，执行下列任一操作：

方法一：使用快捷键 Ctrl + V 或 Shift + Ins。

方法二：单击工具栏上的 ↘ 粘贴图标。

方法三：执行"Edit"/"Paste"菜单命令。

执行上述命令后，此时光标变为十字形状并粘附着剪切板中的内容，移动光标到合适的位置，单击鼠标左键，即可完成粘贴操作，粘贴后的对象呈高亮度显示。

（3）元件的阵列粘贴。阵列式粘贴是一种特殊的粘贴方式，该操作可一次性将同一个元件按指定的数量、指定的间距粘贴在原理图中，现举例说明具体操作。

① 将二极管元件选取并复制，如图4-16（a）所示。

② 执行"Edit"/"Paste Array"菜单命令或单击 Drawing Tools 浮动工具栏上的 ⊞ 图标按钮，系统弹出如图4-15所示的阵列粘贴设置对话框，将粘贴对象的数目设置为4个，粘贴对象水平距离设置为30mil。

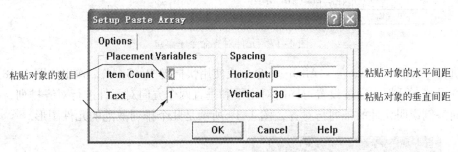

图4-15　阵列粘贴设置对话框

③ 单击"OK"按钮，这时光标变为十字形状，移动光标至阵列粘贴位置，单击鼠标左键，完成阵列粘贴操作，结果如图4-16（b）所示。

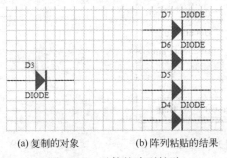

(a) 复制的对象　　　　(b) 阵列粘贴的结果

图4-16　元件的阵列粘贴

（4）元件的删除。Protel 99 SE 中删除元件的方法比较独特。

① 删除选取的元件。先选取待删除的元件，然后执行"Edit"→"Clear"菜单命令（快捷键是 E/L），工作台上的所有选取对象将被全部清除。

② 删除未选取的元件。单击元件使元件处于点取状态，再按"Delete"键即可删除该项元件，这种操作主要是针对单个元件。

③ 连续删除元件。执行"Edit"→"Delet"菜单命令或按快捷键 Ctrl + Del，光标变为十字形状，移动鼠标至要删除的元件符号上单击即可删除该元件。此时光标仍处于命令状态，可继续进行删除操作，单击鼠标右键或按"Esc"键可退出删除操作。

④ 其他的删除元件方法。有时通过撤销操作或剪切操作同样可以实现元件的删除。

## 7. 元件的排列与对齐

在进行元件布置时，利用排列与对齐命令，不但可以使电路整齐、美观而且可极大地提高工作效率，尤其在后面的印制电路板元件布局时，该项命令使用频率很高。

执行"Edit"→"Align"菜单命令，弹出如图4-17所示的子菜单，子菜单包含了各种元件对齐操作命令和对齐快捷键。

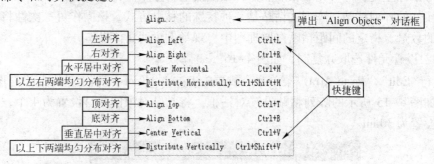

图4-17　元件对齐命令子菜单

若执行"Edit"→"Align"→"Align…"命令或使用快捷键"E/G/A"，弹出如图4-18所示的元件对齐设置对话框，通过设置可同时对水平和垂直两个方向对元件进行对齐排列。

下面举例说明元件的排列与对齐，图4-19所示是几个排列散乱的元件图形。

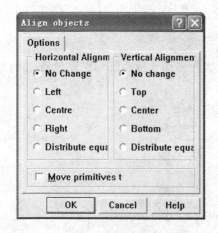

图4-18　元件对齐设置对话框

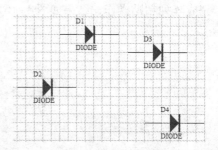

图4-19　排列散乱的元件图形

（1）左对齐。左对齐的操作步骤如图4-20所示。

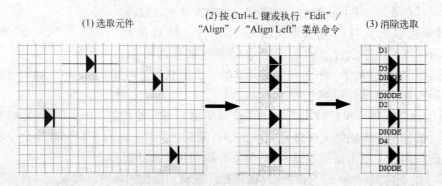

图4-20　元件左对齐操作

（2）水平均布对齐。选取待排列对齐的四个二极管，按 Ctrl + Shift + H 键或执行"Edit"→"Align"→"Distribute Horizontally"菜单命令，即可完成四个二极管在水平方向的等间距排列，然后消除元件的选取，结果如图4-21所示。

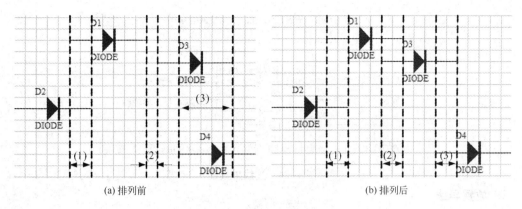

| (a) 排列前 | (b) 排列后 |

图 4-21　元件水平均布对齐

（3）水平均布顶对齐。此项操作是复合操作，既有水平方向又有垂直方向的操作。先选取四个二极管，按快捷键"E/G/A"，弹出"Align objects"对话框，在"Options"区域的"Horizontal Alignment"（水平对齐）栏中选择单选项"Distribute equal"（水平均布），"Vertical Alignment"（垂直对齐）栏中选择单选项"Top"（顶对齐），如图 4-22 所示。

单击"OK"按钮确定，结果如图 4-23 所示。水平均布很明显，垂直对齐实际上是 D2、D3、D4 三个二极管以最上方的 D1 顶对齐的。也可按 Ctrl + Shift + V 键或执行"Edit"→"Align"/"Distribute Vertically"菜单命令达到同样效果。

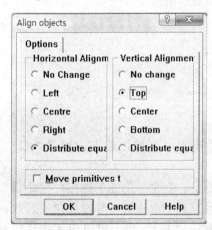

图 4-22　元件水平均布顶对齐设置

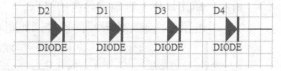

图 4-23　元件水平均布顶对齐

其他排列对齐操作这里就不再赘述了，相信通过上面三个操作应该对此项菜单功能有所理解。

## 4.2　任务 15　连线工具栏的认识与使用

Protel 99 SE 提供的工具栏有很多，这些工具栏能够直接代替菜单命令进行操作，既直观又方便，现对原理图编辑环境中的连线工具栏进行介绍。连线工具栏提供了原理图电气连接的各种命令，如图 4-24 所示。

下面对工具栏的命令按钮一一进行介绍。

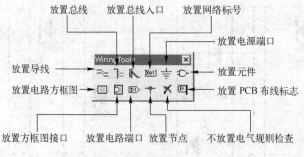

图 4-24　连线工具栏

### 1. 放置导线

Protel 99 SE 中的电气连接就是要将具有相同电气连接的元件引脚用导线接到一起，即通过放置导线来完成元件的电气连接。操作步骤如下：

（1）单击 Wiring Tools 工具栏上的 ≋ 图标，光标变成了十字形状，将光标移到元器件引脚处随即出现电气捕捉热点，单击鼠标左键确定导线的起点，如图 4-25（a）所示。

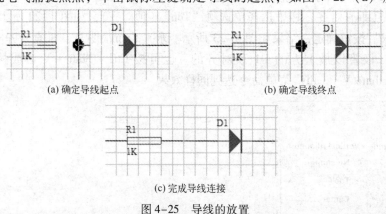

(a) 确定导线起点 　　　　　　　　　　(b) 确定导线终点

(c) 完成导线连接

图 4-25　导线的放置

（2）移动鼠标导线也跟着移动，到终点引脚处会自动出现电气捕捉热点，如图 4-25（b）所示，单击鼠标左键确定导线的终点。

（3）单击鼠标右键完成导线的连接，如图 4-25（c）所示。但光标仍处于连接导线命令状态，可以继续从新的起点进行导线连接；若双击鼠标右键或按下"Esc"键，可退出连接导线命令状态，导线绘制结束。

### 2. 放置总线

总线是一组具有相同性质的并行信号线的组合，对于具有多位地址线和数据线的芯片，采用总线连接可大大简化原理图的连线操作。

单击 Wiring Tools 工具栏上的 卜 图标，光标变成了十字形状，将光标移到需要放置总线的位置单击鼠标左键，确定导线的起点，移动光标到终点处单击鼠标左键加以确定，双击右键退出，即完成了一条总线的绘制，如图 4-26 所示。

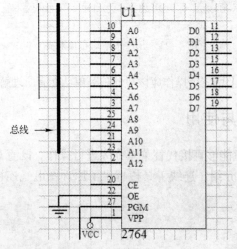

图 4-26　总线的放置

**3. 放置总线分支线**

总线与单根导线的连接必须通过总线分支线来实现，具体步骤如下：

（1）单击 Wiring Tools 工具栏上的 图标。光标变成了十字形状，并带着分支线"\"和"/"形状，每单击空格键一次，分支线的方向就偏转90°。

（2）移动光标到总线，单击鼠标左键即可放置一条分支线，连续放置完毕，单击鼠标右键或 Esc 键即可退出分支线的绘制，如图4-27（a）所示。

（3）完成总线分支线与单根导线的连接，结果如图4-27（b）所示。

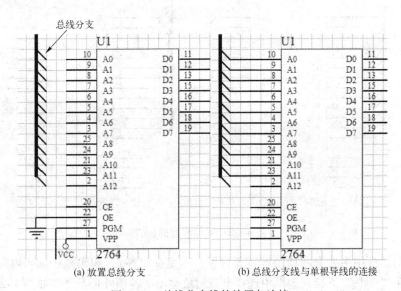

图 4-27　总线分支线的放置与连接

**4. 放置网络标号**

在 Protel 中，元器件之间的电气连接关系除可以直接通过绘制导线表示以外，还可以通过放置网络标号来表示元器件之间的电气连接，具有相同网络标号的电气接点相当于导线连接在一起。不论有多少接点，只要它们的网络标号名相同，则它们在电气含义上属于同一网络。具体操作步骤如下：

（1）首先通过放置总线、总线分支线和导线将两个元件的相应引脚连接。

（2）单击工具栏上的 图标，光标变为十字形状，并出现一个随光标移动的虚框，单击"Tab"键，系统弹出网络标号属性设置对话框。

（3）在"Net"编辑框中输入 A0，然后单击"OK"按钮。

（4）将虚框移到 U1 元件第 10 脚左上方，此时会出现电气捕捉热点，单击鼠标左键确定。依次在 A0 的下方放置其余的网络标号 A1～A12。

（5）再次按下"Tab"键，在弹出的对话框中将"Net"编辑框中的名称改为 A0，然后在 U4 元件的相应脚上依次放置网络标号 A0～A12。

结果如图4-28所示，U1 芯片的 A0～A12 与 U4 芯片的 A0～A12 是分别相连的，即使删除总线也不能割断它们之间的电气连接关系。

### 5. 放置电源对象

电源对象主要有电源正极符号和接地符号两大类，其中电源正极符号外形有多种形式，具体放置步骤如下：

（1）单击工具栏上的 ⇌ 图标，光标变为十字形状，电源与接地图形符号粘附在光标上，单击"Tab"键，系统弹出电源对象属性设置对话框。

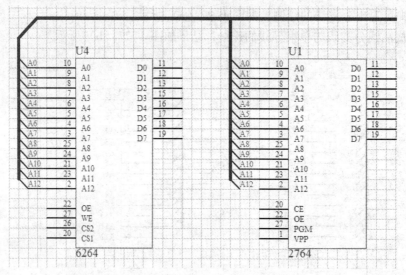

图4-28 网络标号的放置

（2）在对话框中主要有两项内容需要设置，一是在"Net"编辑框中输入电源对象的网络名称，二是在"Style"下拉列表框中选择电源对象类型。各项外形及意义如图4-29所示。

图4-29 电源对象类型各项意义

（3）其他属性不必设置，单击"OK"按钮，完成电源与接地符号的属性设置，移动鼠标到原理图中相应位置，单击鼠标左键完成某一电源对象的放置。此时光标仍处于放置电源对象命令状态，如果要继续放置电源对象，再次单击"Tab"键，重复第（2）步操作即可，单击鼠标右键或按"Esc"键结束该命令状态。图4-30（a）、（b）所示分别为电源对象放置前后的电路。

除此之外，用户可以直接启动电源对象工具栏来放置所需要的符号。执行"View"→

"Toolbars"→"Power Objects"菜单命令，系统弹出如图4-31所示的电源和接地符号工具栏。此操作图形直观，需要哪个图形符号，就直接将该图形符号拖动到原理图编辑区即可。

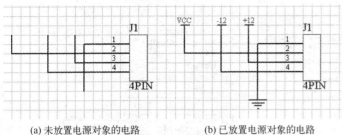 

图4-30　放置电源对象　　　　　　　图4-31　电源与接地符号工具栏

### 6. 放置输入/输出端口

通过放置输入/输出端口的方式也能实现两点之间的电气连接，它经常在层次原理图中用于一个电路与另一个电路之间的电气连接。下面举例说明如何放置I/O端口。

（1）单击 Wiring Tools 工具栏上的 🔲 图标，光标变成十字形状，并粘附着I/O端口符号，移动光标至图4-32（a）所示的4N28第6脚端点处单击鼠标左键。

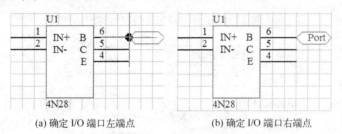

（a）确定I/O端口左端点　　　　　　（b）确定I/O端口右端点

图4-32　放置I/O端口

（2）移动光标使I/O端口长度合适时，单击鼠标左键确定，即完成了一个I/O端口的放置，此时光标仍处于放置端口命令状态，可重复（1）、（2）、（4）步骤继续放置I/O端口，若想退出放置，单击鼠标右键或按下"Esc"键即可，如图4-32（b）所示。

（3）设置I/O端口属性。双击I/O端口符号，系统弹出如图4-33所示的端口属性设置对话框，从对话框中可以看出，I/O端口的属性设置项较多，其中端口长度、端口位置、端口边框颜色、端口填充颜色、端口名称颜色取系统默认设置，而端口名称、端口形状、端口电气特性、端口名称对齐方式需要用户设置。端口电气特性、端口名称对齐方式在图4-32中已说明，端口形状与设置项对应关系如图4-34所示。

（4）将端口名称设置为"OUTB"，形状设置为"Right"，电气特性设置为"Output"，名称对齐方式设置为"Center"，单击"OK"按钮确定，这样才彻底完成I/O端口的放置，结果如图4-35所示。

### 7. 放置电气接点

在 Protel 99 SE 中，对于T形连接电路，系统会自动在交叉点处放置电气接点，但在十字形交叉点处，系统默认是不放置节点的，这里需要手动添加节点。单击连线工具栏上的 ⊕ 图标，光标处于放置电气节点命令状态，移动鼠标至要放置节点的位置，单击鼠标左键即可完成电气节点的放置，如图4-36所示。

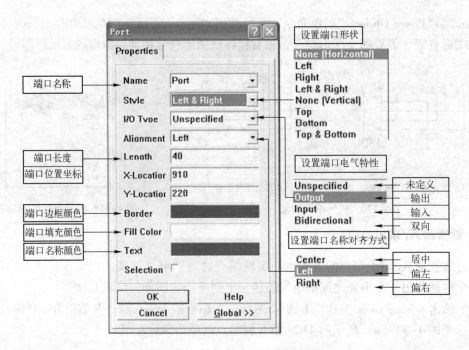

图 4-33 I/O 端口属性设置对话框

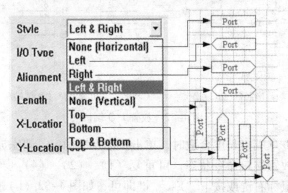

图 4-34 I/O 端口形状类型

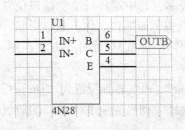

图 4-35 端口的放置

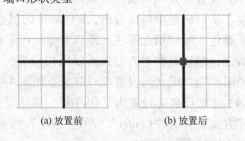

(a) 放置前　　　　(b) 放置后

图 4-36 电气节点放置

## 8. 放置忽略 ERC 测试点

电路设计过程中, 有些集成芯片的引脚有可能悬空, 但在系统默认情况下, 所有输入引脚都必须进行连接, 如果系统进行电气规则检查 (ERC) 时, 就会产生错误报告。为了避免这种情况, 可以在忽略 ERC 检查的位置放置 "No ERC" 标志, 这样就不再产生错误报告。

单击连线工具栏上的 ✗ 图标，光标处于放置电气节点命令状态并带有一个红色的小叉（忽略 ERC 测试符号），移动鼠标至要放置忽略 ERC 测试点的位置，单击鼠标左键即可完成放置，如图 4-37 所示。

### 9. 放置 PCB 布线指示

用户绘制原理图时，可以在电路的某些位置放置 PCB 布线指示，以便预先规划该处 PCB 布线规则，包括线宽、孔径大小、布线的拓扑策略、布线优先权及布线板层等。具体步骤如下：

（1）单击连线工具栏中的 图标，这里鼠标变为十字形状，并带有一个 PCB 布线指示符号。

（2）移动光标到需要放置 PCB 布线指示的位置，单击鼠标左键完成放置，此时鼠标仍处于命令状态，单击鼠标右键或按 "Esc" 键即可退出操作。

（3）双击 PCB 布线标志，弹出如图 4-38 所示的 "PCB Layout" 对话框，在该对话框中对 PCB 布线指示的属性进行设置。

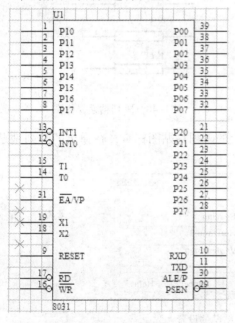

图 4-37　放置 "No ERC" 标志

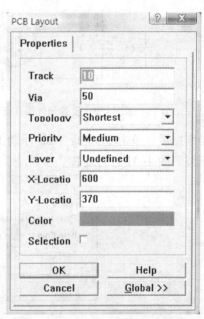

图 4-38　PCB 布线指示属性设置

工具栏上的放置元件符号 图标可以连续放置元件符号，此操作已在本实训任务 1 中介绍过了，对于放置电路框图图标 和放置电路框图接口图标 将在层次原理图中介绍，所以不再赘述。

## 4.3　任务 16　技能训练

（1）新建 "Test3.ddb" 的设计数据库文件，并启动原理图编辑器，依次在原理图上放置电阻、电容、二极管、三极管，如图 4-39 所示。

操作提示：对初学者来说，最直接的方法是在原理图元件浏览器窗口中单击 "Browse" 命令按钮，在弹出的对话框中，可通过上、下光标键快速浏览各种元件符号，直至找到相应的元件符号，单击"Place"命令按钮即可完成元件放置。

（2）对上述元件进行复制、粘贴和删除操作。

操作提示：

①复制：先选取元件，然后按快捷键"Ctrl + C"，当光标变为十字形状时，单击选取的元件。

②粘贴：在复制元件的基础上，按快捷键"Ctrl + V"，将光标移到合适的位置单击完成放置。

③执行"Edit"→"Delete"菜单命令，当光标变为十字形状时，单击要删除的元件。

（3）按照图4-40所示完成一个电阻元件的阵列粘贴。

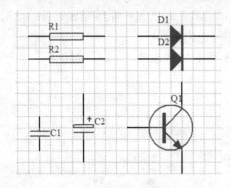 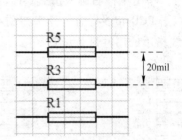

图4-39　放置元件操作图　　　　图4-40　阵列粘贴操作图

操作提示：单击Drawing Tools浮动工具栏上的阵列粘贴图标▦，在弹出的阵列粘贴设置对话框按照图4-41进行设置。

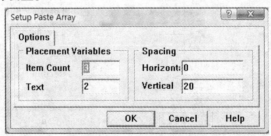

图4-41　阵列粘贴的设置

（4）对图4-42中的元件进行排列与对齐操作，根据元件位置的变化体会各种排列与对齐命令。

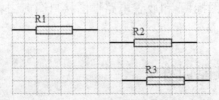

图4-42　元件排列与对齐原始图

操作提示：执行"Edit"→"Align"→"Align"命令或使用快捷键"E/G/A"，在弹出元件对齐设置对话框中进行设置，具体设置参考本实训相关内容。

（5）从"Protel DOS Schematic TTL. lib"元件库取出"74LS373"和"74LS374"两个芯片元件，利用连线工具栏命令按照图4-43进行连接。

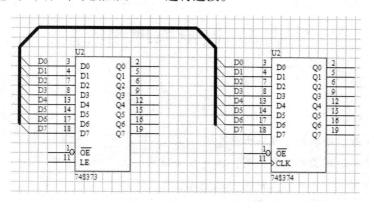

图4-43　连线工具栏操作图

操作提示：在放置总线分支线时，要先调整好分支线的方向，然后连续放置。在放置网络标号时，当光标变为十字状态时，应先按"Tab"键进行网络标号的属性设置，这样可大大提高绘图效率。

# 实训 5　简单原理图绘制

## 学习目标

（1）掌握原理图绘制的流程和方法。

（2）掌握绘制原理图的工具使用，各种命令使用和各种功能设置。

（3）掌握原理图元件库的装载与卸载方法。

（4）掌握绘制原理图时元件布局的方法。

（5）掌握元件全局属性编辑的基本方法。

（6）掌握对原理图进行电气规则检查的基本方法。

（7）掌握自定义模板的创建方法。

通过前面的学习，我们对 Protel 99 SE 原理图编辑器有了初步认识，并掌握了原理图绘制的基本方法。本节将从实际操作角度出发，通过一个具体实例来说明怎样使用原理图编辑器设计一个完整的电路。

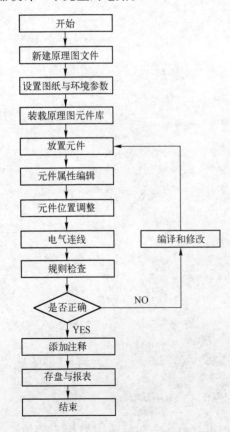

图 5-1　原理图绘制流程

## 5.1　任务 17　认识原理图的绘制

### 1. 原理图绘制原则

一个良好的电路原理图，首先要能通过电气错误规则检查，其次要保证图样清晰，方便阅读与快速理解。因此在设计过程中应遵循以下原则。

（1）保证电路原理图连线正确。

（2）整张电路原理图元器件布局合理，连线清晰且便于修改。

（3）绘制导线时尽量避免导线的交叉。

（4）信号流向尽量由左向右，信号的流入、流出端口尽量在图纸边框附近。

### 2. 原理图绘制流程

熟练掌握原理图的设计流程，在设计过程中就能做到驾轻就熟，心中有数。绘制原理图的主要流程如图 5-1 所示。

（1）新建原理图文件。建立一个原理图设计文件是原理图设计工作的第一步。

（2）设置图纸与环境参数。根据电路的规模来设置图纸的大小、方向等图纸信息参数，根据设计者个人爱好设置原理图设计环境、图形习惯性等参数。

（3）装载原理图元件库。将原理图设计所用到的原理图元件库载入到当前设计环境中。对于用户自行创建的元件符号，也要添加到当前设计环境中。

（4）放置元件。根据设计进度，将所需元件按照一定规律放置到工作平面上。

（5）元件属性编辑。设置元件的符号、规格、序号、显示信息及封装等属性。

（6）元件位置调整。按照疏密得当、整齐美观的要求对元件进行整体布局，以便连线与识读。

（7）电气连线。用导线（包括单导线、总线、总线分支）和网络标号将具有电气关系的元件连接起来，构成一个完整的电路。

（8）规则检查。利用电气规则检查（ERC）指令，可对绘制完的电路进行检查，以便于最后的修改，确保原理图绘制的正确性，这是电路原理图设计中重要的环节。

（9）添加注释。在原理图中加入必要的文字注释或图片说明，可增强原理图的可读性。

（10）存盘与输出。最后应养成将设计好的原理图存盘的良好习惯。输出是指输出各种报表（如网络表、元件列表等）或将原理图打印出来。

## 5.2　任务18　应用实例——简单原理图的绘制

图 5-2 所示是 OTL 功放电路，要求按照原理图的绘制流程正确绘制该图。

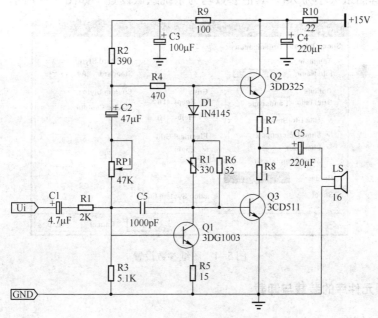

图 5-2　OTL 功放电路

绘制步骤如下。

### 1. 新建原理图文件

（1）启动 Protel 99 SE，新建设计数据库文件（本例中为 Power. ddb），选择合适的路径

（本例放在"E盘:\电子CAD实例"文件夹中）。

（2）打开 Power. ddb 设计数据库文件中的"Document"文件夹，新建名为"OTL. sch"原理图文件，如图5-3所示。

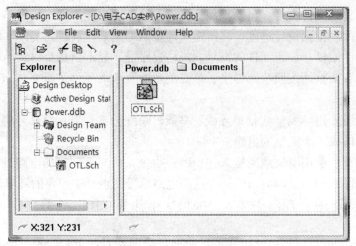

图5-3　新建原理图文件

## 2. 设置图纸信息与工作环境参数

（1）双击"OTL. sch"原理图文件图标，进入原理图设计编辑器窗口。

（2）执行"Design..."→"Options"菜单命令，系统弹出原理图图纸设置对话框。根据电路的规模，选择图纸大小为A4。其他参数均为系统默认设置，如图5-4所示。

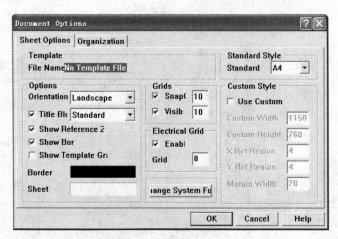

图5-4　图纸参数设置

## 3. 原理图元件库的装载与卸载

（1）装载元件库。

① 在设计管理器窗口中单击"Browse Sch"标签，切换到原理图在"Browse"列表框中选择"Library"选项，下面已经有一个 Miscellanoues Devices. ddb 原理图元件库显示在窗口中。如果要装载其他元件库，单击"Add→Remove..."命令按钮，也可以执行"Design"→"Add/Remove Library..."菜单命令，此时系统弹出原理图元件库添加/删除对话框，如图5-5所示。

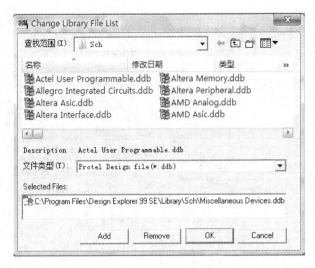

图 5-5　原理图元件库添加/删除对话框

② 图 5-5 所示的对话框显示是安装目录"C:\Program Files\Design Explorer 99 SE\Library\Sch"文件夹中的内容，可以看到世界主要的电子元器件公司的元件库及通用的元件库都在该文件夹中，用户只要选中所要添加的库文件，本例选中"Protel DOS Schematic Library. ddb"元件库，再单击"Add"命令按钮，该元件库便出现在"Selected Files"显示框中，如图 5-6 所示。

图 5-6　添加库"Protel DOS Schematic Library. ddb"后的对话框

③ 单击"OK"按钮确定，完成了"Protel DOS Schematic Library. ddb"库文件的添加。这时在元件库浏览窗口中可以看到有多个元件库文件被添加进来，这说明"Protel DOS Schematic Library. ddb"数据库中包含多个元件库文件，如图 5-7 所示。

(2) 卸载元件库。卸载原理图元件库与添加方法相似，具体步骤如下：

① 在元件浏览器窗口中单击"Add→Remove..."按钮或执行菜单"Design"→"Add/Remove Library"命令，系统会弹出如图 5-5 所示的添加/删除元件库对话框。

② 在对话框的"Selected Files"区域中单击要卸载的数据库，再单击"Remove"按钮。

③ 最后单击"OK"按钮确定，即可完成元件库文件卸载。

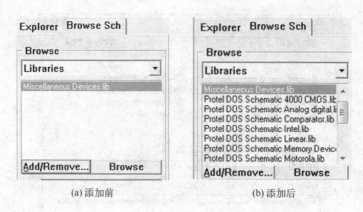

(a) 添加前　　　　　　　　　(b) 添加后

图 5-7　元件库的添加

### 4. 放置元件

电路中用到的元件由表 5-1 列出。

表 5-1　RC 阻容两级放大电路各元件名称与属性

| 名　　称 | Designator（序号） | Part Type（元件型号与标称值） |
|---|---|---|
| 电位器 | RP | 47kΩ |
| 热敏电阻 | Rt | 330Ω |
| 电阻器 | R1、R2、R3 | 2kΩ、390Ω、5.1kΩ |
| 电阻器 | R4、R5、R6 | 470Ω、15Ω、62Ω |
| 电阻器 | R7、R8、R9、R10 | 1Ω、1Ω、100Ω、22Ω |
| 二极管 | D1 | 1N4148 |
| 三极管 | Q1、Q2 | 3DG1008、3DD325 |
| 三极管 | Q3 | 3CD511 |
| 电解电容器 | C1、C2、C3 | 4.7μF、47μF、100μF |
| 电解电容器 | C4、C5 | 220μF、220μF |
| 瓷片电容器 | C6 | 1000pF |
| 扬声器 | LS | 16Ω |
| 电源 | $U_{CC}$ | +18V |

（1）表 5-1 中所有的元件都可以在"Miscellaneous Devices.lib"库文件中找到，如图 5-8 所示，只在元件库列表框中选中"Miscellaneous Devices.lib"库文件，则在中间窗口显示的是该元件库中所有的元件名称。单击某一元件名称，则最下面的窗口显示该元件的符号。

如果不知道元件所对应的符号，可以单击窗口中的"Browse"按钮，在弹出的对话框中可以清楚地浏览该库中所有的原理图元件符号，如图 5-9 所示。

（2）将 OTL 功放电路所有元件放置到原理图编辑区中，如图 5-10 所示。

### 5. 元件属性编辑

双击元件，在弹出的元件属性设置对话框中将元件的型号、序号、参数值等编辑成与原理图中的一致，至于元件的封装属性可暂且不编辑。例如，双击电阻元件，弹出电

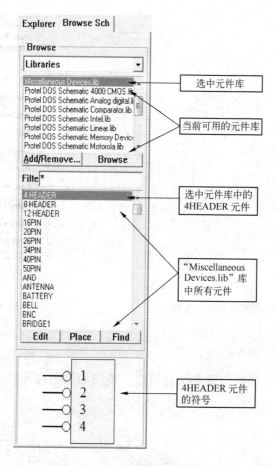

图 5-8　查找元件符号

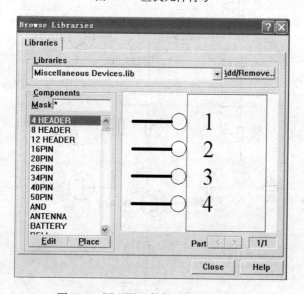

图 5-9　原理图元件符号浏览对话框

阻属性对话框如图 5-11 所示，在此可对电阻各项属性进行设置，编辑后的元件如图 5-10所示。

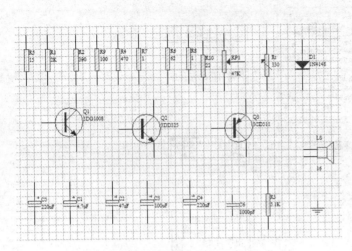

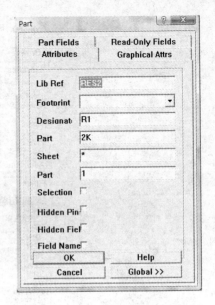

图 5-10　原理图中元件的放置　　　　　　　图 5-11　元件属性编辑

## 6. 元件布局

　　根据电路原理图中元件的位置并结合清晰、美观的原则对元件进行位置调整，结果如图 5-12 所示。

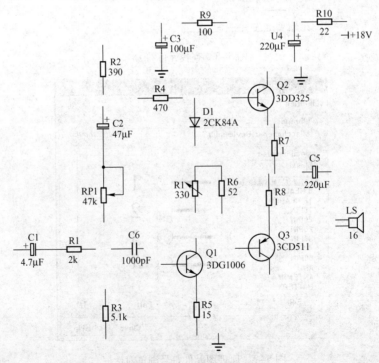

图 5-12　调整后的元件位置

## 7. 电气连线

根据电气连接的要求，利用工具栏上的连线工具将电路连接好，结果如图5-2所示。我们发现元件的序号、参数值很小，看不清，可以采取全局编辑功能进行调整。方法是：

（1）双击任一元件的序号，弹出如图5-13（a）所示的序号属性设置对话框，单击"Change…"命令按钮，弹出如图5-13（b）所示的字体设置对话框，将字形设置为粗体、字体14、颜色设置为蓝色，单击"确定"按钮返回到图5-13（a）所示的对话框。

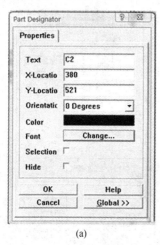
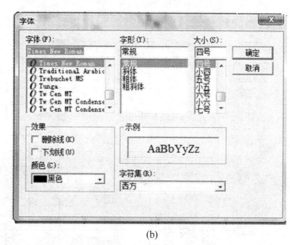

（a）　　　　　　　　　　　　　　　（b）

图5-13　序号属性设置

（2）单击"Global"按钮，系统弹出如图5-14所示的全局编辑对话框，我们会发现"Copy Attributes"栏的"Font"复选框被自动选中。

图5-14　序号大小全局编辑对话框

（3）单击"OK"按钮，系统弹出如图5-15所示的确认对话框，询问用户是否将设置应用到所有元件的序号大小中，单击"Yes"按钮确定。

用同样的方法将元件规格或参数值也设置为大号显示，这样在读图时会非常方便，结果如图5-16所示。

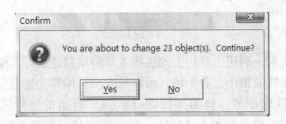

图 5-15　全局编辑功能确认对话框

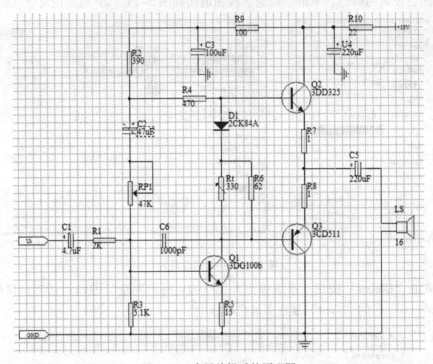

图 5-16　全局编辑后的原理图

### 8. 电气规则检查

电路绘制完成以后，一般都要进行电气规则检查。电气规则检查主要是对电路原理图的电气规则进行测试，通常是按用户指定的物理、逻辑特性进行的。测试完毕之后，系统自动生成可能是错误的报告，同时在错误的位置做上标记，以利于用户及时改正。

（1）设置电气检查规则。

① 执行"Tools"→"ERC"菜单命令，弹出电气检查规则设置对话框，如图 5-17 所示。

② 单击"Sheets to Netlist"下拉列表框，弹出如图 5-18 所示的对话框，选择"Active Sheet"选项；单击"Net Identifier Scope"下拉列表框，弹出如图 5-19 所示的对话框，选择"Sheet symbol→Port Connections"选项。

（2）进行电气规则检查。设置完毕，单击"OK"命令按钮，程序按照设置的规则对原理图进行电气规则检查，检查完成后运行文本编辑器并生成扩展名为 .ERC 错误结果报告，如图 5-20 所示，该报告表明原理图设计正确无误。

### 9. 放置注释

在电源 +18V 上放置"+$U_{CC}$"标注信息；并在电路下方放置"OTL 功放电路"说明文

字，将字体设置为"粗体、四号、蓝色"，最终效果如图 5-21 所示。

图 5-17　电气规则检查设置对话框

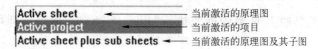

图 5-18　当前项目的选择

Net Labels and Ports Global ◄————　网络标号及 I/O 端口在整个项目中有效
Only Ports Global ◄————————　仅 I/O 端口在整个项目中有效
Sheet Symbol / Port Connections ◄——　方块电路端口和 I/O 端口在整个项目中有效

图 5-19　检查对象的适用范围

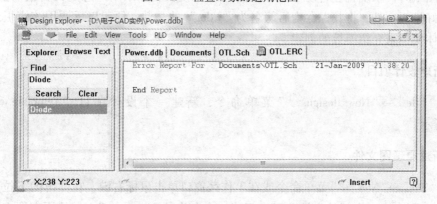

图 5-20　原理图电气规则检查报告

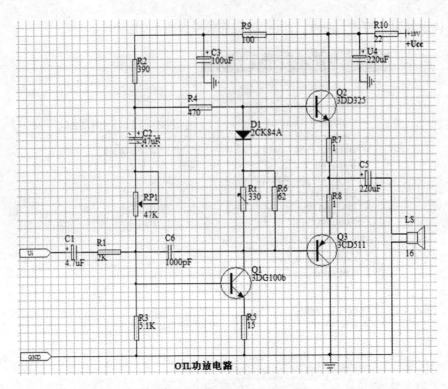

图 5-21　原理图的注释

### 10. 保存与打印输出

原理图绘制完成并确定正确无误后，一定要保存文件，养成良好的习惯，以利于以后调用。直接单击工具栏上的 🖫 图标或执行"File"→"Save"命令，即可对设计项目进行保存。

## 5.3　任务 19　应用实例——模板的创建

Protel 99 SE 的原理图编辑器提供了许多模板，每种图纸型号对应一个模板，选择某个标准型号的图纸时，系统就会自动加载相应的原理图模板。如果用户想定义自己的图纸模板，只需创建好模板文件，将其保存为后缀名为".dot"的文件，便于以后调用该模板文件。下面通过具体实例来介绍模板的创建。

### 1. 新建设计项目

执行"File"→"New design..."菜单命令，新建一个设计项目"Template.ddb"，如图 5-22 所示。

### 2. 新建原理图文件

执行"File"→"New..."菜单命令或在工作区窗口单击鼠标右键，在弹出的下拉菜单中选择"New..."命令，在新的设计项目中新建一个名为"Template.Sch"的原理图文件，双击打开，如图 5-23 所示。

图 5-22　新建设计项目

　　注意到该原理图已有一个默认的模板，但在原理图环境中，模板的标题栏及其文字是不能编辑的，必须将其去掉，然后重新绘制。

### 3. 去掉原有的标题栏

　　执行"Design"→"Options"菜单命令，弹出如图 5-24 所示的"Document Options"设置对话框，取消"Title Block"复选框选项，其他选项保留不变，单击"OK"按钮确定，结果如图 5-25 所示。

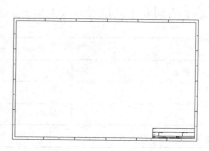

图 5-23　新建原理图的默认模板

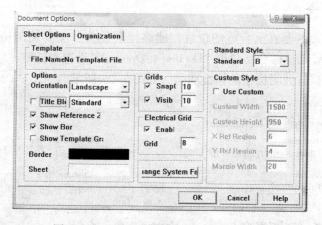

图 5-24　"Document Options"设置对话框

### 4. 设置直线属性

　　单击绘图工具栏（DrawingTools）上的╱图标，绘制直线，在十字形光标命令状态下，按下"Tab"键，弹出如图 5-26 所示的直线属性设置对话框，在"Line Width"下拉列表框选择"Smallest"，双击"Color"栏中的蓝色框，将绘制直线颜色设置为黑色，其他选项不变，单击"OK"按钮完成直线属性设置。

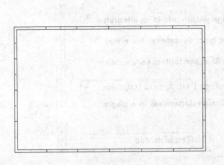

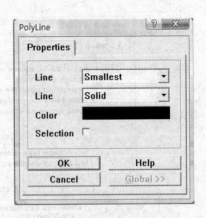

图 5-25　去掉标题栏后的原理图　　　　图 5-26　直线属性设置对话框

### 5. 绘制标题栏中的线框

在绘制直线的命令状态下，连续绘制标题栏的线框，注意绘制过程中不要退出命令状态，否则要重新设置直线的属性，结果如图 5-27 所示。

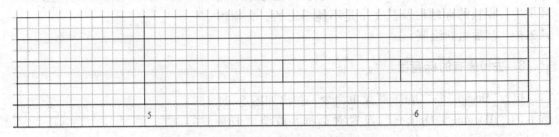

图 5-27　重新绘制的标题栏线框

### 6. 准备放置文本

为了使放置的文本拖放至合适的位置，能够排列整齐，需要关闭栅格捕捉功能。执行"Design"→"Options"菜单命令，弹出"Document Options"设置对话框，取消"Grid"选项组中的"Snap"复选框，关闭栅格的捕捉功能，如图 5-28 所示，单击"OK"按钮确定。

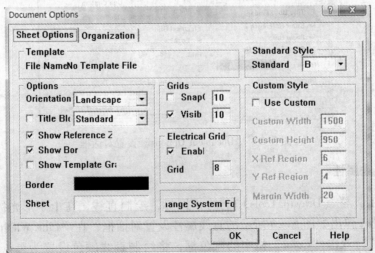

图 5-28　关闭栅格捕捉功能

### 7. 设置文本属性

单击绘图工具栏（DrawingTools）中的 T 图标，在十字光标命令状态下，按下"Tab"键，弹出如图 5-29 所示的文本属性设置对话框，单击"Color"后的颜色框将文本颜色设置为黑色，单击"Font"选项后的"Change"按钮，打开字体设置对话框，设置字体为"仿宋"，字形为"粗体"，大小为"小四"，如图 5-30 所示，单击"OK"按钮返回到图 5-29 中。

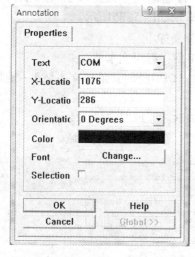

图 5-29　文本属性设置对话框

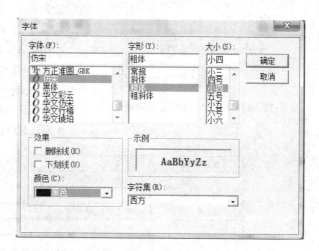

图 5-30　字体设置对话框

### 8. 放置字符串

在图 5-29 所示的文本属性设置对话框中，在"Text"文本编辑框中依次写入"文档标题"、"组织"、"姓名"、"日期"及"文件名"五个字符串，结果如图 5-31 所示。

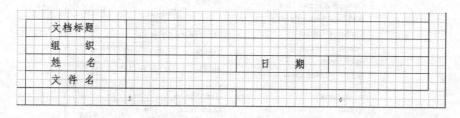

图 5-31　放置字符串的标题栏

### 9. 放置特殊字符串

标题栏中的"文档标题"、"组织"、"姓名"相应栏中的内容要根据实际情况填写，而"日期"和"文件名"两个栏中的内容是可以通过特殊字符串实时显示的。单击绘图工具栏（DrawingTools）中的 T 图标，在十字光标命令状态下，按下"Tab"键，弹出文本属性设置对话框，在此设置特殊字符串的属性。在"Text"下拉列表框中依次选择日期特殊字符串". DATE"，单击"OK"按钮确定，此时光标上带着特殊字符串，移动光标至相应栏中单击鼠标左键完成放置，按照同样的方法完成文件名特殊字符串". DOC_FILE_NAME"的放置，结果如图 5-33 所示。

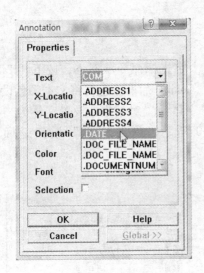

图 5-32 特殊字符串属性设置对话框

## 10. 转换特殊字符串

要想让特殊字符串所包含的真实信息显示出来，就需要进行特殊字符串的功能转换。执行"Tools"/"Preferences"菜单命令，系统弹出如图5-34所示的"Preferences"对话框，单击"Graphical"选项卡，在"Options"选项组中选择"Convert Special String"复选框，单击"OK"按钮确定，就完成了特殊字符串的功能转换，结果显示如图5-35所示。

特殊字符串的意义如下：

- ORGANIZATION：组织文本域。
- ADDRESS1 ~ ADDRESS4：地址文本域1~地址文本域4。
- SHEETNUMBER：原理图编号文本域。
- SHEETTOTAL：原理图总数文本域。

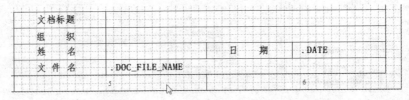

图 5-33　放置特殊字符串的标题栏

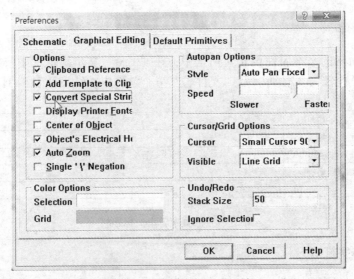

图 5-34　"Preferences" 对话框

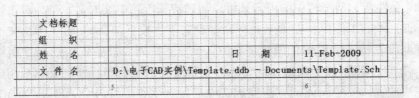

图 5-35　特殊字符串显示效果

- TITLE：文档标题文本域。
- DOCUMENTNUMBER：文档编号文本域。
- REVISION：校订文本域。

### 11. 保存模板

执行"File"→"Save As..."菜单命令，系统弹出文件保存对话框，将文件名设置为"Template. dot"，在"Format"下拉列表框选择文件格式为"Advanced Schematic template binary. dot"，即二进制模板文件，如图 5-36 所示，单击"OK"按钮确定。这样新建的模板文件就完成了，保存位置就在新建的设计项目中。

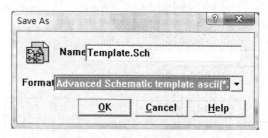

图 5-36　模板文件的保存

### 12. 调用模板

如果用户想调用新建的模板，只需打开一个原理图文件，如图 5-37 所示，该原理图文件的初始模板不是新建的模板，执行"Design"→"Template"→"Setup Template File Name"菜单命令，打开如图 5-38 所示的新建模板选择对话框，选择新建的模板文件，单击"OK"按钮确定。

## 5.4　任务20　技能训练

（1）绘制电路如图 5-39 所示。

操作提示：电路中的元件都在系统默认加载的元件库"Miscellaneous Device. Lib"中。

（2）绘制电路如图 5-40 所示。操作要求如下：

① 图纸尺寸为 A4。

② 按照图中所示对元件参数进行设置。

③ 在图下方输入一串文字"分立元件功放"，仿宋、黑色、小四。

操作提示：

① 电路中的元件都在系统默认加载的元件库"Miscellaneous Device. Lib"中。

② 执行"Design"→"Options"菜单命令，在弹出的对话框中进行设置。

③ 对元件参数进行设置时应巧妙利用"Tab"键来提高绘制速度。

④ 利用绘图工具栏中的图标 T 设置文本属性。

（3）创建一个模板文件，要求其标题栏符合图 5-41 所示。

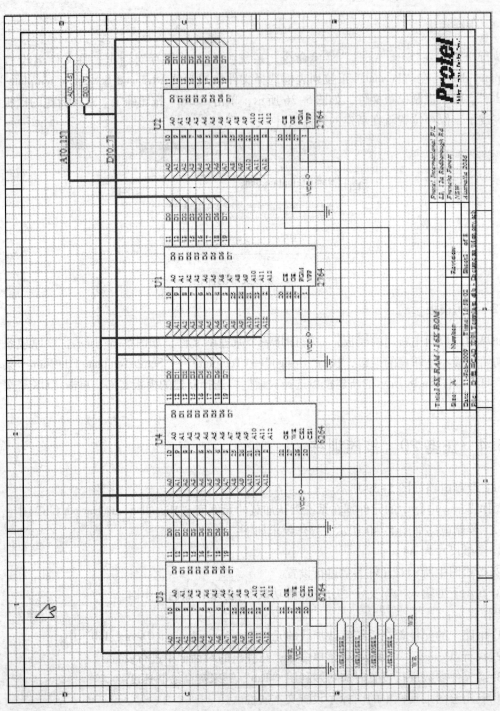

图5-37 初始模板

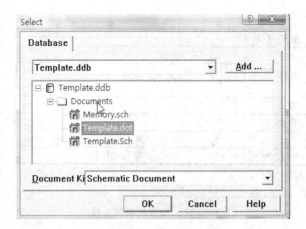

图 5-38　新建模板选择对话框

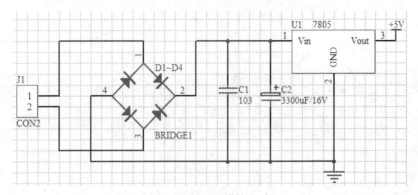

图 5-39　电源模块电路

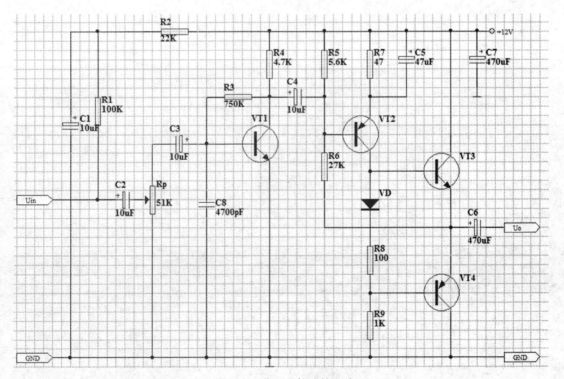

图 5-40　分立元件功放电路

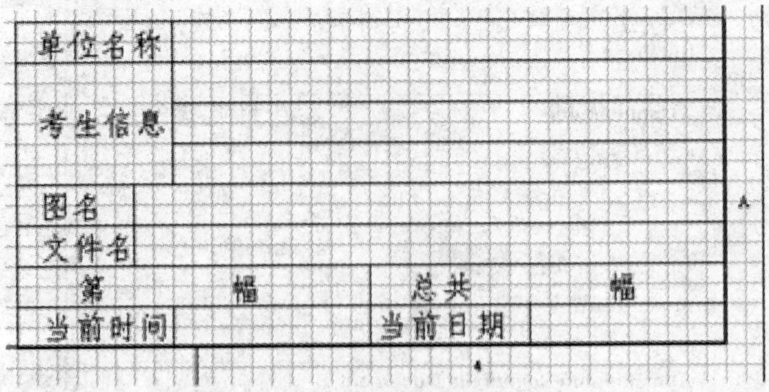

图 5-41　自定义模板文件

# 实训 6　原理图元件符号创建

**学习目标**

(1) 掌握原理图元件库编辑器的启动方法。

(2) 熟悉原理图元件库编辑器环境。

(3) 掌握绘图工具栏的功能与应用。

(4) 熟练掌握原理图元件库创建的各种方法。

(5) 掌握自定义原理图元件库的调用方法。

在绘制原理图之前，首先要加载电路中元件符号所在的元件库。尽管 Protel 99 SE 中的原理图元件已相当丰富，但是由于新的电子元器件不断涌现，各个国家与各个厂商之间的标准也有些不相同，所以在实际的电路设计工作中，需要用户亲自创建符合特定要求的新元件，并把自己创建的新元件添加到元件库中以备调用。

Protel 99 SE 提供了一个功能强大的元件库编辑器，用户不但可以创建和编辑新的元件和元件库，还可以将一些常用元件整合到新的元件库中，给设计工作带来极大的方便。

## 6.1　任务 21　认识原理图元件库编辑器

### 1. 启动原理图元件库编辑器

由于 Protel 99 SE 独特的文件管理方式，启动原理图元件库编辑器和启动原理图编辑器一样，都要首先建立设计数据库文件。简单地说，只有先进入设计管理器（Design Explorer），然后才能启动原理图元件库编辑器。具体步骤如下：

(1) 启动 Protel 99 SE，新建一个设计数据库文件，打开"Document"文件夹。

(2) 执行"File"→"New"菜单命令，系统弹出如图 6-1 所示的编辑器选择对话框。

(3) 选中"Schematic Library Document"文件图标后单击"OK"按钮或直接双击"Schematic Library Document"文件图标，系统自动在设计数据库文件中建立了一个默认名为"Schlib1. Lib"原理图元件库文件，如图 6-2 所示。

(4) 双击"Schlib1. Lib"文件图标，进入原理图元件库编辑器，如图 6-3 所示。由图 6-3可以看出，原理图元件库编辑器窗口界面与原理图编辑器很像，都由菜单栏、工具栏、设计管理器窗口及编辑区窗口等部分组成，但是每一部分里的内容有很大不同。原理图元件库编辑器的工具栏除了主工具栏外，编辑区窗口也有两个浮动工具栏，一个是用来绘制原理图元件符号的画图工具栏，它与原理图编辑器窗口中的画图工具栏相差不大，而 IEEE 符号工具栏是原理图元件编辑器所特有的。原理图元件库设计管理器窗口也由两个标签组成，其中"Explorer"标签页与原理图编辑器完全一样，而元件符号浏览器窗口却有很大差别。元件编辑区窗口也不一样，窗口中间有一坐标轴，其坐标位置为（0，0）点。

图 6-1 原理图元件库编辑器选择

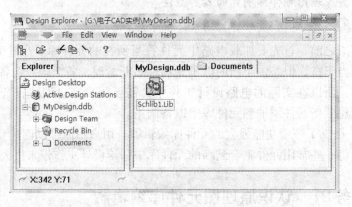

图 6-2 新建的原理图库文件

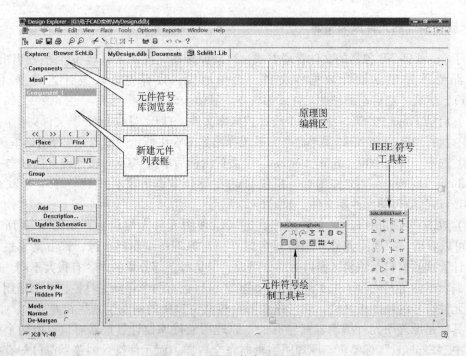

图 6-3 原理图元件库编辑器界面

## 2. 元件符号库管理器

原理图元件库编辑器中的元件符号库管理器（元件符号库浏览器）有着强大的功能，如图6-4所示。为了能熟练地进行元件编辑，现简要介绍其界面及功能。

（1）元件符号浏览窗口。该项窗口主要是浏览不同元件符号的名称，各项说明如下：

① Mask：过滤编辑框。该编辑框用于对元件列表框中的元件名称进行过滤，它支持通配符＊，以便快速地查找所需要的元件。

② 列表框：列表框显示了当前元件库中经过"Mask"编辑框过滤后的元件列表，由于是新建元件库，所以图6-4所示中有一个元件"Component_1"。该窗口下方的按钮功能如下：

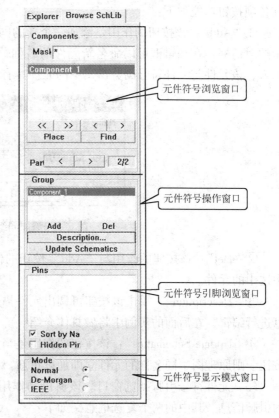

图6-4　元件符号库管理器窗口

- ≪：单击该按钮，则选择当前元件列表框中的第一个元件，并在右边编辑器工作窗口中显示该元件符号。
- ≫：单击该按钮，则选择当前元件列表框中的最后一个元件，并在右边编辑器工作窗口中显示该元件符号。
- ＜：单击该按钮可以显示当前元件库中的上一个元件，连续单击则按由下向上的顺序浏览元件库中的元件。
- ＞：单击该按钮可以显示当前元件库中的下一个元件，连续单击则按由上向下的顺序浏览元件库中的元件。
- "Place"：该按钮的作用是将列表框中选中的元件放置到原理图中，单击该按钮后，系统将自动切换到原理图编辑环境下并处于放置元件命令状态。若当前没有打开任何原理图文件，系统会自动建立并打开一个原理图文件。
- "Find"：该按钮与原理图元件浏览器中的"Find"按钮作用相同，即打开原理图元件查找对话框，按用户设置的条件查找所需元件。

③ Part栏：该栏是专门用来浏览多功能元件的单元子件的，若列表框中的是多功能元件，下面两个按钮操作才有效。举例说明，如"Part"栏的分数为"2/4"，则"4"表示该多功能元件共有4个子件（如74LS00芯片里就由4个相同的与非门构成），"2"表示当前显示的是第2个子件。

- ＜：单击该按钮则浏览当前子件的前一个子件。
- ＞：单击该按钮则浏览当前子件的后一个子件。

（2）元件符号操作窗口。该窗口的作用是列出与当前显示的元件符号相同，名称却不同的所有元件，这类元件称为同组元器件。例如，4HEADER 和 HEADER4 就是同组元器件。

其各项按钮功能如下：

①"Add"：该按钮的作用是添加一个新的同组元件。单击该按钮系统会弹出如图6-5所示的对话框，在编辑框可以命名新元件的名称，单击"OK"按钮，即可完成一个新元件的加入，该元件与元件符号浏览窗口中的元件具有共同的属性，并且属于同一个组。

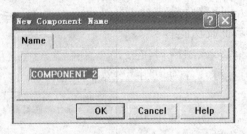

图6-5 添加同组元件对话框

②"Del"：该按钮的作用与"Add"按钮的作用正好相反，单击"Del"按钮可删除同组中选中的元件。

③"Description"：单击该按钮可调出元件描述对话框，在对话框中可以对元件的文本信息进行编辑，在后面的实例中将做具体介绍。

④"Update Schematics"：该按钮的作用是当元件库中的某个元件进行修改之后，单击该按钮，则原理图中同名称的元件立即加以更新。

（3）元件符号引脚浏览窗口。该窗口的作用是列出"Component"列表框中选中的元件的引脚信息。其中的两个复选框意义如下：

① Sort by Name：选择该项表示列表框中的引脚按引脚名称字母进行排序，若没有选中，则按引脚序号排序。

② Hidden Pin：选择该项表示屏幕右边的编辑区内显示元件的隐藏引脚及引脚名称，系统默认是不选择该项。

（4）元件符号模式显示窗口。该窗口的作用是显示原理图元件符号的三种模式。各项模式意义如下：

① Normal：正常模式。

② De－Moygan：狄摩根模式。

③ IEEE：IEEE 模式。

## 6.2 任务22 元件绘图工具栏的认识与使用

原理图元件库编辑器窗口中有两个浮动工具栏，一个是绘图工具栏（SchlibDrawingTools），另一个是符号工具栏（SchLibIEEETools），在制作原理图元件时，常用的是绘图工具栏。

单击主工具栏上的 图标或执行"View"→"Toolbars"→"DrawingToolbar"都可以切换画图工具栏的打开与关闭，绘图工具栏各按钮意义如图6-6所示。

下面详细介绍几个常用按钮的绘制方法。

### 1. 绘制直线

在创建原理图元件时常用到绘制直线工具，它代表直线图形，与电路图中的连接导线不

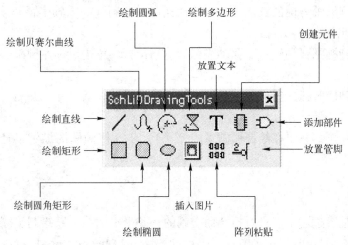

图6-6 元件绘图工具栏按钮功能

同，直线不代表任何电气含义，绘制步骤如下：

（1）单击绘图工具栏上的 ∕ 图标，光标变为十字形状，移动光标至直线的起点位置单击鼠标左键确定。

（2）拖动鼠标至线段的终点，再次单击鼠标左键确定。右击或按 Esc 键，即可完成一条线段的绘制。此时光标仍处于命令状态，还可继续绘制直线，若想退出只需再次右击。

（3）绘制过程中按下 Tab 键或双击绘制完成的直线可以调出如图6-7所示的直线属性对话框，在此可以设置直线宽度、形状和颜色的属性。

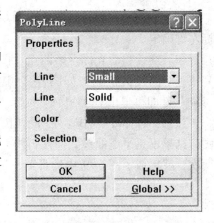

图6-7 直线属性设置对话框

**2. 绘制椭圆弧和圆弧**

绘制步骤如下：

（1）单击绘图工具栏上的 图标，光标变为十字形状，并且有一条圆弧随着光标移动，光标位于圆弧的圆心，移动光标至合适的位置，单击鼠标左键确定椭圆的圆心，如图6-8步骤①所示。

（2）光标跳到横轴方向的圆周顶点，移动光标确定椭圆的横轴半径长度，单击鼠标左键确定，如图6-8步骤②所示。

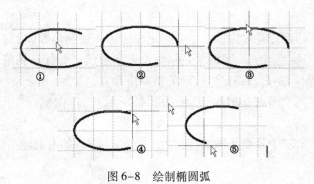

图6-8 绘制椭圆弧

（3）光标跳到纵轴方向的圆周顶点，移动光标确定椭圆的纵轴半径长度，单击鼠标左键确定，如图6-8步骤③所示。

（4）光标跳到椭圆弧的端点，移动光标到适当位置，单击鼠标左键确定，如图6-8步骤④所示。

（5）光标跳到椭圆弧的另一端，移动光标选择合适的位置，单击鼠标左键确定。绘制好的椭圆弧如图6-8步骤⑤所示。

如果要绘制圆弧，只要在绘制椭圆弧的第（3）步，使椭圆的纵轴半径与横轴半径长度相等即可。

### 3. 绘制贝赛尔曲线

贝赛尔曲线是通过若干点进行拟合而得到的一条平滑曲线，其绘制步骤如下。

（1）单击绘图工具栏中的 ⌇ 图标，光标变为十字形状，移动光标至合适位置（图6-9的①处所示），单击鼠标左键确定曲线的起点，继续移到光标至第二点（图6-9的②处所示），单击鼠标左键确定。

（2）移动光标至任一位置（图6-9的③处所示），这时出现了曲线的两条切线，单击鼠标左键确定。

（3）继续移动光标至第四点（图6-9的④处所示），单击鼠标左键确定，然后再右击，完成整个曲线的绘制，如图6-9中的Ⅰ图。此时光标仍处于绘制曲线状态，右击或按下"Esc"键即可退出。

注意：在图6-9中③处所示时，若在单击鼠标左键后又右击，就构成了图6-9中的Ⅱ图，结果不是平滑曲线，而是折线，这是因为三个基点太少不能拟合曲线。若双击鼠标左键两次，就构成了图6-9中的Ⅲ图，是另外一种平滑曲线。

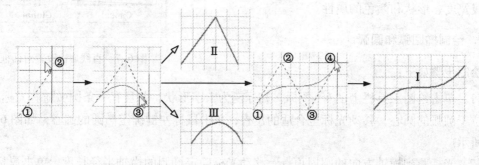

图6-9 贝赛尔曲线的绘制

### 4. 绘制多边形

这里的多边形指的是任意多边形，不是指正多边形，绘制步骤如下：

（1）单击绘图工具栏上的 ⊠ 图标，光标变为十字形状，光标移到第一个顶点（图6-10的①处所示），单击鼠标左键，确定多边形的第一个顶点。

（2）光标移动第二个顶点（图6-10中的②处所示），单击鼠标左键，确定多边形的一个边。

（3）移动光标到第三个顶点（图6-10中的③处所示），单击鼠标左键，这时构成的是三角形。

（4）若继续移动光标到第四个顶点（图6-10中的④处所示），就会构成四边形。

（5）继续移动光标至下一个顶点，单击鼠标左键，直到完成一个多边形的绘制。右击结束多边形的绘制。

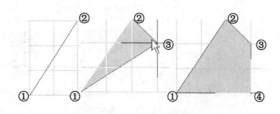

图6-10 多边形的绘制

### 5. 放置文本

（1）单击绘图工具栏上的 **T** 图标，光标变为十字形状，并且有一个矩形框随光标移动，如图6-11 步骤①所示。

（2）按下 Tab 键打开注释属性对话框，在"Text"编辑框中输入相应文本字符串，还可以设置文本的字体、大小、颜色等属性，如图6-11 步骤②所示。

（3）单击"OK"按钮，将文本放置到合适的位置，如图6-10 步骤③所示。

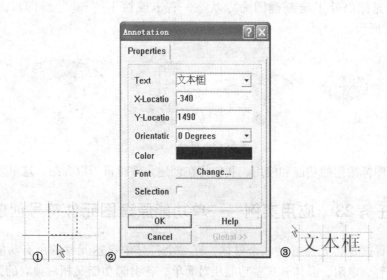

图6-11 放置文本

### 6. 绘制矩形、圆角矩形

由于这两个图形绘制方法一样，下面以绘制矩形为例来说明。步骤如下：

（1）单击工具栏中的 ▢ 图标，光标变为十字形状，并有一个矩形图形随光标移动，在合适位置单击鼠标左键，确定矩形的左上角顶点，如图6-12（a）所示。

（2）拖动矩形的另一个对角顶点到合适位置，单击鼠标左键确定，即完成矩形的绘制，如图6-12（b）所示。

（3）此时光标仍粘着一个相同大小的矩形，如果要绘制相同大小的矩形，连续单击鼠标左键即可完成。若要退出命令状态，右击或按下"Esc"键即可。

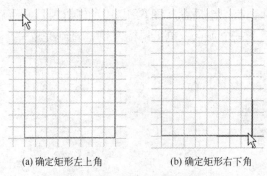

(a) 确定矩形左上角　　　　　　(b) 确定矩形右下角

图 6-12　绘制矩形

**7. 绘制椭圆形**

（1）单击绘图工具栏上的 ◯ 图标，光标变为十字形状，并且有一椭圆随着光标移动，如图 6-13 步骤①所示，移动光标至合适的位置，单击鼠标左键确定椭圆的圆心。

（2）光标跳到横轴方向的圆周顶点，移动光标确定椭圆的横轴半径长度，单击鼠标左键确定，如图 6-13 步骤②所示。

（3）光标跳到纵轴方向的圆周顶点，移动光标确定椭圆的纵轴半径长度，单击鼠标左键确定，如图 6-13 步骤③所示。

（4）此时光标仍处于绘制椭圆命令状态，右击或按下"Esc"键即可退出，结果如图 6-13 步骤④所示。

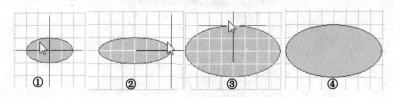

①　　　　②　　　　③　　　　④

图 6-13　椭圆的绘制

其他几个图标按钮的功能和使用，我们将在创建元件时再予以介绍，这里就不赘述了。

## 6.3　任务23　应用实例——单功能原理图元件符号创建

单功能元件就是将元件看做一个整体，在一个符号中表达元件的所有功能和引脚。例如，常见的电容、电阻、晶体管这些功能相对简单、各引脚功能又相对独立的元件符号都是单功能元件。下面通过制作一个 555 定时器元件符号，说明单功能元件符号的创建过程。现将 555 定时器元件符号图及有关信息列于图 6-14 及表 6-1 中。

具体步骤如下：

（1）启动原理图元件库编辑器，将元件库命名为"Myschlib. Lib"，双击"Myschlib. Lib"文件图标，进入原理图元件库编辑器窗口，当前制作的新元件名默认为"Component_1"。

（2）为了绘图方便，需要对捕捉栅格和可视栅格重新设置。执行"Options"→"Document-Op-tions"菜单命令，弹出如图 6-15 所示的元件库编辑属性设置对话框，将"Grids"区域中的"Snap"编辑框中数值 10 修改为 5，"Visible"编辑框设置为 10，单击"OK"按钮完成设置。

（3）将工作区缩放至合适比例，单击画图工具栏上的 ▫ 图标，在十字光标命令状态下，移动光标从十字坐标原点为起点画一个 8×10 矩形底框，如图 6-16 所示。

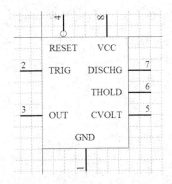

图 6-14 555 定时器元件符号图

**表 6-1 555 定时器引脚信息**

| 管脚序号 | 管脚名称 | 引脚电气特性 | 其　他 |
|---|---|---|---|
| 1 | GND | Passive | 默认选择 |
| 2 | TRIG | Input | 默认选择 |
| 3 | OUT | Output | 默认选择 |
| 4 | RESET | Input | 默认选择 |
| 5 | CVOLT | Passive | 默认选择 |
| 6 | THOLD | Input | 默认选择 |
| 7 | DISCHG | Passive | 默认选择 |
| 8 | VCC | Passive | 默认选择 |

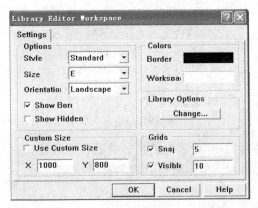

图 6-15　元件库编辑属性设置对话框

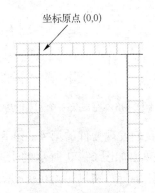

图 6-16　555 定时器外形轮廓

（4）单击绘图工具栏上的 图标，出现十字光标后，按下 Tab 键，弹出如图 6-17 所示的对话框，在此可设置当前元件引脚的各项属性。将"Name"设置为"GND"，"Number"

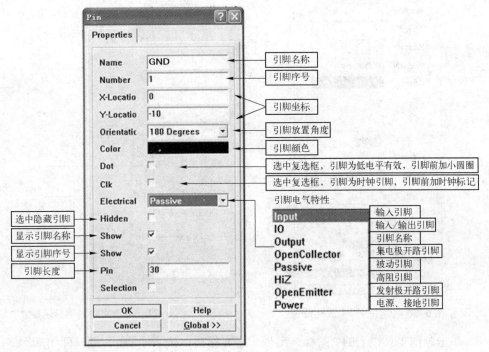

图 6-17　元件引脚属性设置对话框

设置为1，"Electrical"设置为"Passive"其他均为默认设置，单击"OK"按钮确定。

（5）此时引脚图形随粘附在光标上，单击空格键旋转使端点为黑圆点朝外，移动鼠标至合适位置单击鼠标左键，完成引脚1的放置，如图6-18所示。

（6）元件第一个引脚放置完成后，光标仍处于放置引脚的命令状态，可按"Tab"键，设置下一个引脚的属性（引脚属性可参考表6-1进行设置），连续重复操作，将元件的其余引脚依次放置完毕，结果如图6-19所示。

图6-18　完成第一个引脚的放置

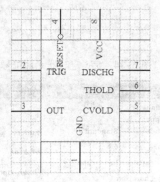

图6-19　放置完引脚的元件图

（7）我们发现元件的第4、第8两个引脚的名称的显示格式是竖着的，需要修改一下。双击4脚弹出如图6-20所示的引脚4属性设置对话框，取消引脚名称显示复选框，单击"OK"按钮确定，结果如图6-21所示。

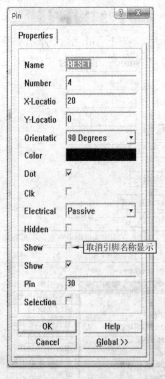

图6-20　元件引脚4属性设置

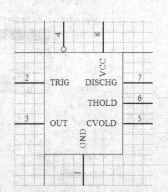

图6-21　取消4脚名称显示

（8）单击画图工具栏上的T图标，出现十字光标后，按下"Tab"键，弹出如图6-22所示的对话框，在"Text"文本框中输入"RESET"，将文本颜色设置为黑色，单击"OK"按钮确定，并将文本放置于4脚下面合适的位置。按照（7）、（8）两个步骤，将元件8脚名称也重新设置，最后效果如图6-23所示。

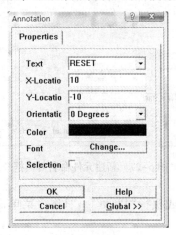

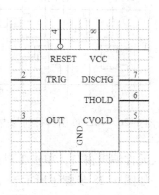

图6-22 文本属性设置　　　　　　　图6-23 制作完成的555定时器元件符号

（9）执行"Tools"→"Rename Component..."菜单命令，系统弹出修改元件名对话框，在编辑框里将系统默认的新建元件名"Component_1"改为"555"，如图6-24所示，然后单击"OK"按钮确定。

（10）单击浏览器的"Description..."按钮或执行"Tools"→"Description"菜单命令，弹出如图6-25所示的元件属性设置对话框，在"Default"栏中输入元件序号的前缀（在此为U?），"Description"栏输入"555"，在"Footprint"栏第一行输入元件的封装（可设置为"DIP8"），最后单击"OK"按钮确定。

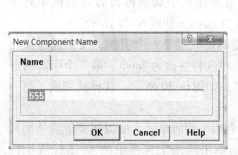

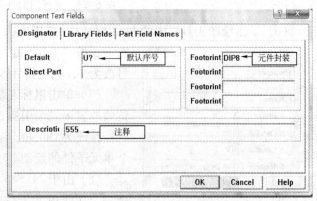

图6-24 修改元件名称　　　　　　　图6-25 设置新建元件555定时器的属性

至此，555定时器元件制作完成，最后一定要保存文件，注意元件保存在"Myschlib. Lib"库文件中，以备以后调用。

## 6.4 任务24 应用实例——多功能原理图元件符号创建

下面以74LS86双4-2输入异或门的绘制来说明多功能单元器件的创建过程。74LS86的引脚排列与结构如图6-26所示，其内部有四组相同单元功能的异或门，14脚接电源，7脚接地，由于74LS86是有源器件，每个子件都要有电源和接地引脚，因此元件要创建四个子件。

（1）进入原理图元件库编辑器，执行"Tools 工具"→"New Component 新建元件"命令或单击绘图工具栏上的 🔲 图标，在弹出的对话框中将新建元件命名为"74LS86"，如图 6-27 所示，单击"OK"按钮确定。

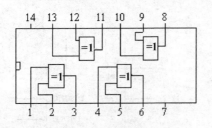

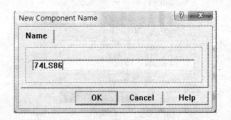

图 6-26　74LS86 引脚排列与内部结构　　　　图 6-27　新建元件命名对话框

（2）进入元件编辑窗口，单击工具栏上的 ╱ 图标或执行"Place"→"Line"菜单命令，绘制两段直线，如图 6-28 步骤①所示。

（3）单击绘图工具栏上的 ⌒ 图标或执行"Place"→"Arcs"菜单命令，绘制椭圆弧，如图 6-28 步骤②所示。

（4）复制该椭圆弧，并通过单击"Y"快捷键垂直翻转椭圆弧，如图 6-28 步骤③所示。

（5）采取同样办法，完成其余椭圆弧的绘制，结果如图 6-28 步骤④所示。

图 6-28　异或门的外形绘制

（6）单击绘图工具栏中的 🖊 图标或执行"Place"→"Pins"菜单命令，在十字形状光标状态下，按"Tab"键，在弹出的引脚属性设置对话框中将编号改为 1，电气特性改为 Input，如图 6-29 所示。

（7）单击鼠标左键确定放置第一个引脚，按照同样操作仿效放置第二个引脚，电气特性改为 Input，第三个引脚的电气特性改为 Output，结果如图 6-30 所示，这样就完成了第一个单元子件的绘制。

（8）由于 74LS86 有四个功能单元，所以还要继续绘制其余三个功能单元子件。单击绘图工具栏中的 🔲 图标或执行"Tools"→"New Part"菜单命令，系统会建立一个新增单元编辑窗口，复制第一个单元子件，在新增单元编辑窗口粘贴，然后修改引脚设置，结果如图 6-31 所示。

（9）同理可完成第三个、第四个单元的绘制，结果分别如图 6-32、图 6-33 所示。

当 74LS86 的四个功能单元编辑完后，这时在元件浏览窗口中可以发现 74LS86 有 4 个单元功能，如图 6-34 所示。由于 74LS86 是有源器件，其中 4 个单元共用一组电源，所以仅在其中一个单元上设置电源引脚即可，如图 6-35 所示。

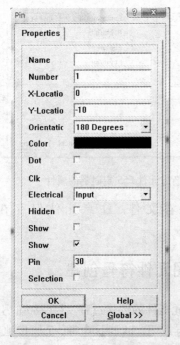

图 6-29　元件引脚属性设置

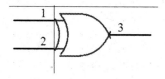

图 6-30　绘制第一个单元子件

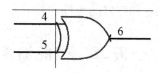

图 6-31　第二个单元

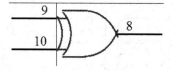

图 6-32　第三个单元

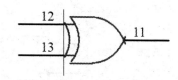

图 6-33　第四个单元

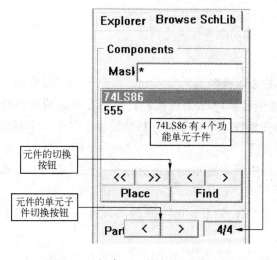

图 6-34　创建了 4 个单元的 74LS86

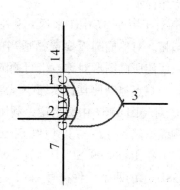

图 6-35　添加电源和接地脚的单元

（10）隐藏电源和接地引脚。在 Protel 99 SE 中一般将电源和接地隐藏，双击电源与接地引脚，在弹出的引脚属性对话框中勾选"Hidden"复选框，将两个引脚隐藏。

（11）单击浏览器的"Description..."按钮或执行"Tools"→"Description"菜单命令，弹出如图 6-36 所示的元件属性设置对话框，在"Default"栏中输入元件序号的前缀（在此为 U?），"Description"栏输入"74LS86"，在"Footprint"栏第一行输入元件的封装（可设置为"DIP14"），最后单击"OK"按钮确定。

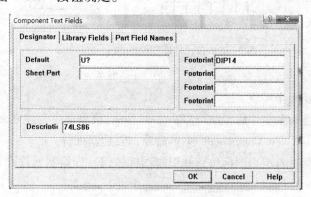

图 6-36　设置 74LS86 的属性

最后保存制作好的元件。

## 6.5 任务25 技能训练

（1）启动原理图元件库编辑器，利用绘图工具栏绘制如图6-37所示的图形和符号。

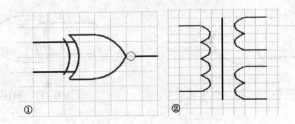

图6-37 绘制图形和符号

操作提示：

a. 对于图6-37中①来说，利用工具栏中画椭圆弧图标按钮，要点是画对称椭圆弧和平行椭圆弧。对称椭圆弧要选择适当的横轴半径和纵轴半径比例，然后复制椭圆弧再垂直旋转，以便使所画图形对称；平行椭圆弧是先画好一个再复制、粘贴后单击其中一个圆弧，再按住一个端点拖动使其长度缩小一点即可。

b. 对于图6-37中②来说，利用工具栏中画贝赛尔曲线图标按钮，通过4个基点拟合一个半圆弧，然后连续画出其他的半圆弧。

（2）在 Protel 99 SE 中新建一个名为"My Schlib. lib"原理图元件库，并在库中绘制图6-38所示的两个元件符号。

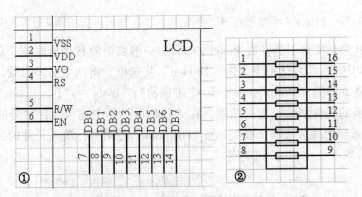

图6-38 在元件库中绘制两个元件符号

操作提示：

图6-37①的主要操作步骤：

a. 在建立设计数据库文件后，执行"File"→"New"菜单命令，建立元件库。

b. 执行"Tools"→"New Component"菜单命令，创建新元件。

c. 用绘图工具栏中的矩形图标按钮和引脚图标按钮，先绘制元件符号的矩形框，再放置元件引脚。

d. 将元件命名为"LCD"。

e. 设置元件属性："Default"栏中输入"U?"，"Description"栏输入"LCD"；在"Foot-print"栏第一行输入"DIP14"。

图6-37②的操作要领：先绘制矩形框，然后绘制一个电阻符号，再利用阵列粘贴图标按钮快速复制8个电阻符号，放置相应的位置即可。

（3）在图6-38的基础上在元件库再添加一个多功能单元元件符号，该元件是4－2输入与非门74LS00，如图6-39所示。

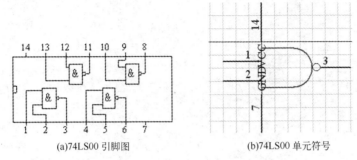

(a)74LS00 引脚图　　　　　　　　　(b)74LS00 单元符号

图6-39　4－2输入与非门74LS00

操作提示：

a. 新建元件，并命名为"74LS00"。

b. 先绘制第一个单元符号，放置1、2、3引脚，暂不放置电源和接地引脚。

c. 复制第一个单元。

d. 执行"Tools"→"New Part"菜单命令，进入新增单元编辑界面，粘贴得到第二个单元，然后更改引脚属性。

e. 依次复制粘贴第3、第4单元。

f. 最后设置元件属性并保存。

（4）打开"Miscellaneous Devices. Lib"元件库，将其中的二极管（图6-40（a）所示）符号修改为图6-40（b）所示的符号。

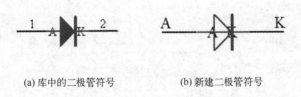

(a) 库中的二极管符号　　　　　　(b) 新建二极管符号

图6-40　二极管符号

操作提示：

a. 启动原理图元件库编辑器，执行"Tools"→"New Component"菜单命令或单击工具栏上的 ⑩ 图标，新建元件。

b. 执行"File"→"Open"菜单命令，打开"C：\Program Files\Design Explorer 99 SE\Library\Sch\Miscellaneous device. ddb"数据库。在元件符号库浏览器窗口中的"Component"区域拖动列表框右侧的滚动条找到名称为"DIODE"的二极管。

c. 选取二极管符号，执行复制命令，把二极管符号复制到剪切板上。

d. 进入第 a 步中开启的元件库编辑器窗口，执行粘贴命令，将剪切板中的二极管库元件符号粘贴到编辑区中。

e. 单击工具栏上的 ✂ 图标，取消元件上的黄色选取标志。

f. 双击二极管的正极引脚，弹出引脚属性编辑对话框，将"Number"栏中的"1"改为"A"，同样将负极引脚"2"改为"K"。

g. 设置新建二极管的属性并保存退出。

# 实训7 层次原理图设计

**学习目标**

(1) 掌握层次原理图的概念与设计方法。

(2) 掌握层次原理图自上而下和自下而上的设计方法。

(3) 掌握层次原理图之间的切换方法。

单个原理图的设计适用于规模小且逻辑结构比较简单的电路设计，而一个大的电路系统中元件数量繁多，结构关系复杂，很难在一张原理图上完整绘制出来。针对这种情况，Protel 99 SE 支持一种层次化原理图设计方法。

## 7.1 任务26 认识层次原理图

### 1. 层次原理图概念

层次原理图的设计理念是将一个大的系统电路进行模块划分，即每一个电路模块都应该有明确的功能特征和相对独立的结构，有统一的接口，便于彼此之间的连接，一个模块可以绘制一个电路原理图，这种电路原理图称为子原理图。电路的整体功能用上层原理图来描述，上层原理图主要由若干个方块符号组成，每个方块符号即对应一个子原理图，方块符号的连接表明了电路各模块之间的连接关系。这样就把整个系统电路的设计分解成上层原理图和若干个子原理图分别进行设计。

### 2. 层次原理图基本结构

层次原理图的设计就是将一个电路分成多个原理图设计出来，整个项目中只能有一个上层原理图（主原理图）和若干个子原理图（下层原理图），子原理图又可以再进行功能模块划分，包含若干个子原理图，图7-1所示是一个一级层次原理图结构。

### 3. 层次原理图基本组成

层次原理图主要由上层原理图和下层原理图（子原理图）构成，下层原理图就是一个具体功能的电路原理图，只不过在单个原理图基础上加了一些输入/输出端口，通过这些输入/输出端口可以和上层原理图实现电气连接，如图7-2所示。

上层原理图主要元素不再是具体的元件，而是代表子原理图的方块图纸，它主要由方块电路符号与方块电路端口符号组成，如图7-3所示。

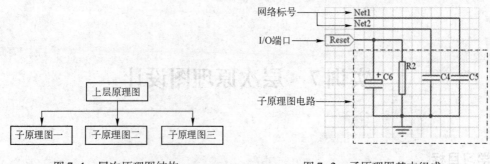

图 7-1　层次原理图结构　　　　　图 7-2　子原理图基本组成

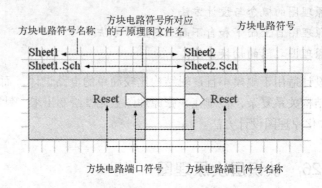

图 7-3　上层原理图基本组成

设计中用到的符号意义如下：

- 方块电路符号：方块电路符号是层次原理图所特有的，每个方块电路符号对应着一个下层的子原理图，它实质上是将一个电路原理图简化为一个符号。
- 方块电路端口符号：它表明各方块图之间名称相同的端口是电气相连的，还表明方块图与它同名的下层子图的 I/O 端口是电气相连的。
- I/O 端口和网络标号：它表示在整个设计项目中，只要 I/O 端口和网络标号名称相同，则两点之间是电气连接的。
- 电源符号：在整个设计项目中，所有原理图中的电源符号都是相连的。

### 4. 层次原理图的设计方法

层次原理图具体的设计方法有两种，一种是自上而下的层次原理图设计，一种是自下而上的层次原理图设计。

（1）自上而下的层次设计方式：即先建立一个总系统，然后将系统划分为不同功能的子模块。在原理图中先设计出上层原理图，即用方块电路符号表示子模块，然后对各个子模块进行详细的设计。

（2）自下而上的设计方式：即先绘制出子原理图，然后由这些子原理图产生方块电路符号图，进而生成上层原理图。这是一种被广泛采用的层次原理图设计方法，对整个设计不是特别熟悉的用户，可以选择这种方法。

## 7.2 任务27 应用实例——自上而下的层次原理图设计

下面以"单片机控制系统"为例，来说明自上而下的原理图设计方法。

### 1. 上层原理图绘制

如图7-4所示，"单片机控制系统"上层原理图由五个模块组成，其核心电路是CPU芯片"80C52"，主要用来运行控制软件，接收键盘输入信号、输出控制信号和指示灯信号。现主要现介绍其绘制过程。

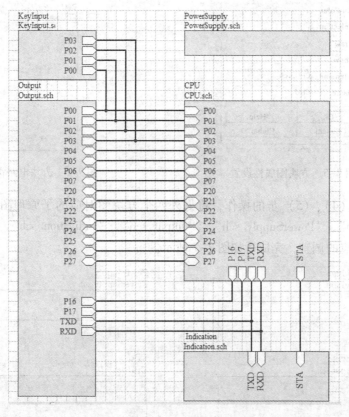

图7-4 层次原理图的上层原理图

（1）启动Protel 99 SE，执行"File"→"New"菜单命令，新建设计数据库文件"Control. ddb"并选择合适的路径保存。

（2）打开设计数据库的"Document"文件夹，新建原理图文件"Control. Sch"，并将原理图文件的扩展名改为".prj"，即创建上层原理图文件"Control. prj"。

（3）单击布线工具栏中的 圖 图标按钮或执行"Place"→"Sheet Symbol"菜单命令，光标变为十字形状，并粘附着一个方块电路符号标志。

（4）移动鼠标到需要放置方块图的位置，单击鼠标左键确定方块图左上角顶点，移动鼠标到合适的位置，再次单击鼠标左键，确定方块图右下角顶点，一个方块电路符号放置完毕，右击或按Esc键退出。

（5）双击方块电路符号，系统弹出方块图属性设置对话框，如图7-5所示。在"Filename"

编辑框中将方块图对应的子原理图文件名设置为"CPU. sch"，在"Name"编辑框中将方块图名设置为"CPU"，其他均采用系统默认设置，单击"OK"按钮确定，结果如图7-6所示。

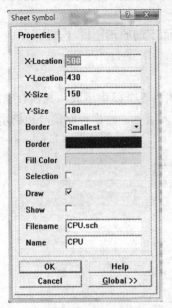

图7-5　方块图属性设置　　　　　　　　图7-6　方块电路符号放置

（6）重复第（4）、（5）步的操作，将另外四个方块图对应的子原理图文件名分别设置为"KeyInput. sch"、"PowerSupply. sch"、"Output. sch"、"Indication. sch"，方块图名与文件名相同，并作相应的调整，完成后如图7-7所示。

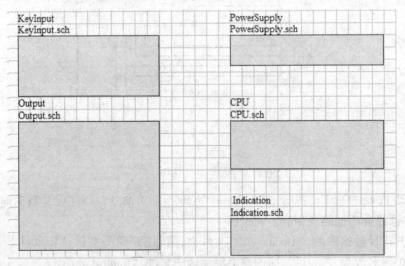

图7-7　方块图的放置

（7）单击布线工具栏中的图标按钮或执行"Place"→"Add Sheet Entry"菜单命令，光标变为十字形状，单击方块内部，十字光标上粘附着一个方块电路端口符号随光标移动，在方块内部单击鼠标左键，然后单击"Tab"键，系统弹出方块图端口设置对话框，如"P00"引脚，将I/O Type（端口电气类型）设置为"Input"，Side（端口放置位置）设置为"Left"，Style（端口形状）设置为"Right"，结果如图7-8所示。

·98·

（8）在"CPU.sch"方块位置上单击鼠标左键完成方块电路端口符号"P00"的放置，此时鼠标仍处于命令状态，可再次按下"Tab"键修改下一个方块图端口的属性，直至连续放置完方块电路端口符号，右击或按"Esc"键退出，结果如图7-9所示。

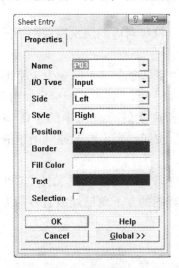

图7-8　方块电路符号端口属性设置

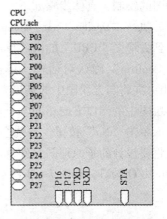

图7-9　放置方块电路端口符号

（9）依次设置其余模块内的端口属性，结果如图7-10所示。

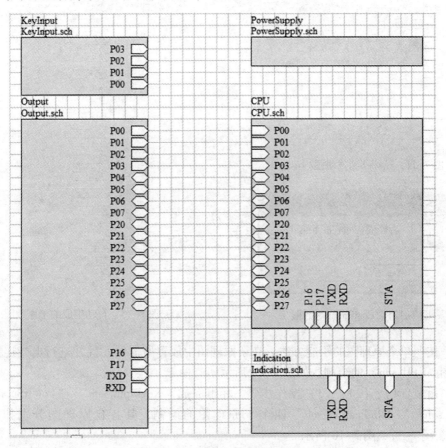

图7-10　设置完所有端口模块

（10）绘制导线。用布线工具栏中的导线或总线按钮连接具有电气连接关系的方块电路端口，结果如图7-4所示。此时便完成了层次原理图的上层原理图的绘制。

### 2. 下层原理图绘制

接下来的工作就是绘制上层原理图中每一个方块电路符号对应的层次原理图子图，即下层原理图的绘制，具体步骤如下：

（1）执行"Design"→"Create Sheet From Symbol"菜单命令，光标变为十字形状，移动鼠标到方块图"CPU"的内部单击鼠标左键，如图7-11所示。接着系统弹出如图7-12所示的"Confirm"确认对话框，单击"Yes"按钮，则新产生的原理图中的I/O端口的输入/输出方向将与方块图中的端口方向相反；单击"No"按钮，则生成的原理图中的I/O端口与方块图中的端口方向相同。

（2）单击"No"按钮，系统会自动生成一个与方块图同名的原理图文件"CPU.sch"，这就是将要设计的子原理图文件，用户可以看到在子原理图的左下角已经放置好与方块电路相对应的I/O端口，如图7-13所示。

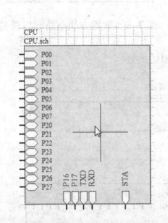

图7-11 光标移到方块图内单击

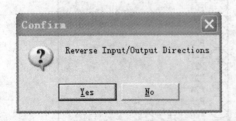

图7-12 "Confirm"对话框

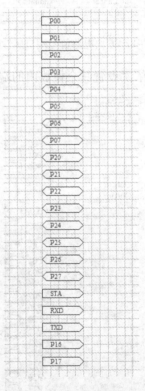

图7-13 自动生成的子原理图

（3）按照单个原理图的绘制方法，在子原理图中放置所需的元件并进行电气连接，完成子原理图"CPU.sch"的绘制，如图7-14所示。

（4）重复（1）、（2）、（3）操作步骤，相继完成"KeyInput.sch"、"PowerSupply.sch"、"Output.sch"、"Indication.sch"四个子原理图的绘制，其各自原理图分别如图7-15、图7-16、图7-17、图7-18所示。

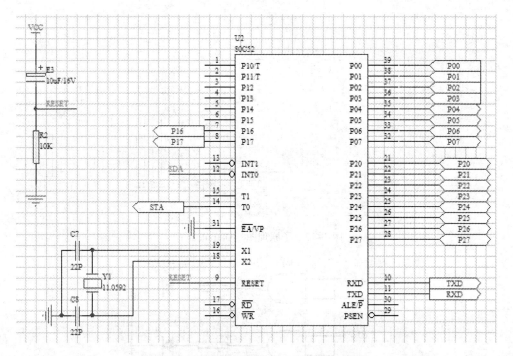

图 7-14 完成子原理图 "CPU. sch" 的绘制

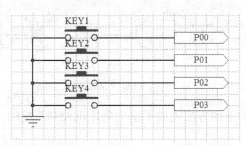

图 7-15 子原理图 "KeyInput. sch"

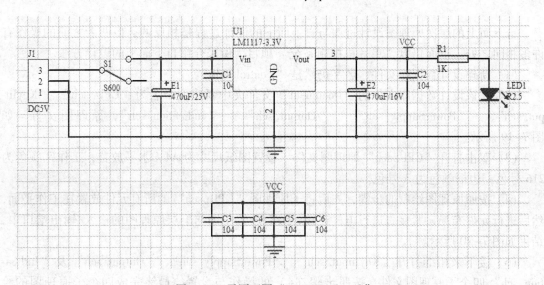

图 7-16 子原理图 "PowerSupply. sch"

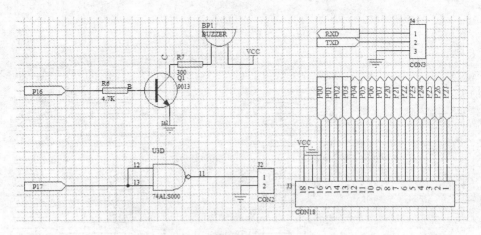

图 7-17 子原理图"Output. sch"

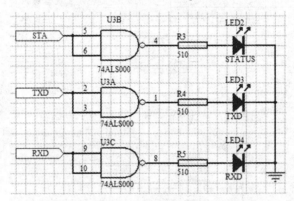

图 7-18 子原理图"Indication. sch"

到此为止,采用自上而下的方法完成了整个单片机控制系统的电路原理图绘制。

## 7.3 任务28 应用实例——自下而上的层次原理图设计

自下而上的层次原理图设计过程与自上而下的设计过程是相反的,但两者之间的操作有许多相同之处。下面仍以"单片机控制系统"项目为例来介绍自下而上的设计方法。

(1)新建设计数据库文件,名字仍然是"Control. ddb"。

(2)在该设计数据库文件的"Document"文件夹中新建五个名为"CPU. sch"、"KeyInput. sch"、"PowerSupply. sch"、"Output. sch"、"Indication. sch",原理图文件,如图 7-19 所示。

(3)双击打开"CPU. sch"原理图文件,设置图纸尺寸为 A4,水平放置,工作区颜色为 216 号色,边框颜色为 3 号色。

(4)按照原理图绘制的步骤,先后将子原理图"CPU. sch"的所有元件放置在工作平面,然后进行元件布局,紧接着进行电气连接,最后放置子图与上层原理图的输入/输出端口中,结果如图 7-20 所示。

(5)接下来相继打开"KeyInput. sch"、"PowerSupply. sch"、"Output. sch"及"Indication. sch"四个子原理图文件,按照步骤(4)的操作与设置,最终完成四个子原理图的绘制,绘制结果同图 7-15、图 7-16、图 7-17 及图 7-18 所示。

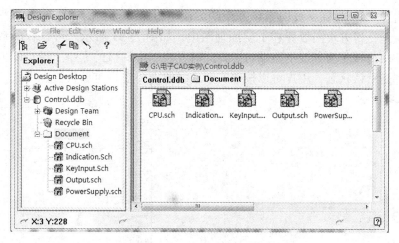

图 7-19　新建五个子原理图

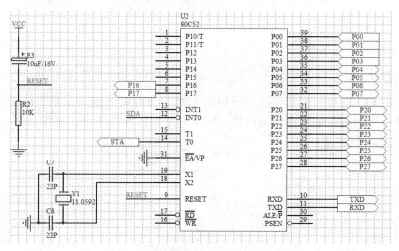

图 7-20　子原理图 "CPU. sch" 的绘制

（6）在设计数据库中新建一个原理图文件，将之起名为 "Control. sch"，这就是要自下而上进行设计的上层原理图，双击打开原理图文件。

（7）执行 "Design" → "Create Symbol From Sheet"，这时系统弹出如图 7-21 所示的选择原理图文件来创建方块图对话框。该对话框中列出了五个子原理图文件，用户可以选择其中任意一个原理图来建立方块电路图。例如，将光标移至 "CPU. sch" 文件名处单击选中，再单击 "OK" 按钮，系统弹出如图 7-22 所示的确认 "Confirm" 对话框，其意义与前面介绍的一样，提示是否转换 I/O 端口的方向。

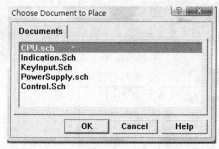

图 7-21　选择原理图创建方块图对话框

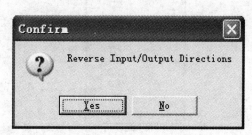

图 7-22　"Confirm" 对话框

（8）单击"OK"按钮，此时系统产生的方块图电路符号粘附在光标上，选择合适的位置单击鼠标左键，将方块图放置在上层原理图中，如图7-23所示。可以看出系统已将子原理图中的I/O端口转变为方块电路端口了，此时方块图中端口的大小、端口的位置、端口的形状等属性都是默认状态，用户可以按照实际连线的需要进行重新设置和调整，调整后的方块图如图7-24所示。

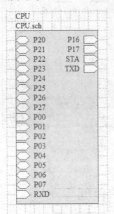

图7-23　默认状态的方块图

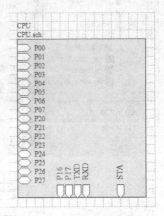

图7-24　调整后的方块图

按照同样的操作方法，将其余四个子原理图对应的方块图绘制出来，结果如图7-25所示。用导线或总线将具有电气连接关系的方块图电路端口连接起来，即完成了上层原理图的绘制，结果如图7-4所示。

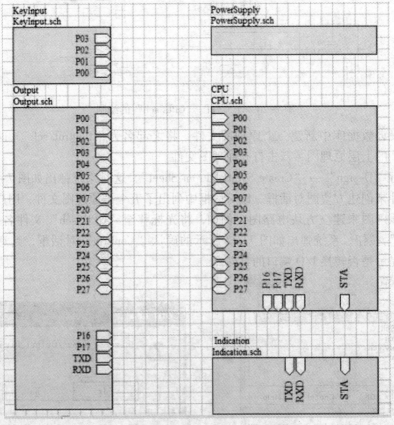

图7-25　自下而上产生的方块电路图

## 7.4 任务29 技能训练

### 1. 层次原理图之间的切换

层次原理图一般都包括一张上层原理图和若干张子原理图，用户在识读图纸时常需要在多张原理图之间来回切换，Protel 99 SE 为这种切换提供了专门的命令。

（1）自上而下的切换。

① 打开方块总图，这里仍以"单片机控制系统 . prj"为例。

② 执行"Tools"→"Up/Down Hierarchy"菜单命令或单击工具栏上的 ⇅（层次切换）图标按钮。

③ 执行命令后，鼠标变为十字形状，将其移到"CPU"方块电路上，如图 7-26 所示，单击鼠标左键，电路就自动切换到方块图"OUT"所对应的子原理图"OUT. sch"窗口，如图 7-27 所示。

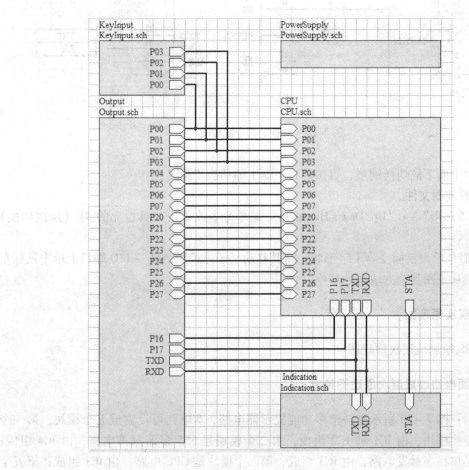

图 7-26 从方块图切换

（2）自下而上的切换。当从方块图切换到原理图中时，光标仍处于命令状态并停留在子原理图中的 I/O 端口内，此时只要单击原理图任一 I/O 端口，就可返回到上层原理图中。

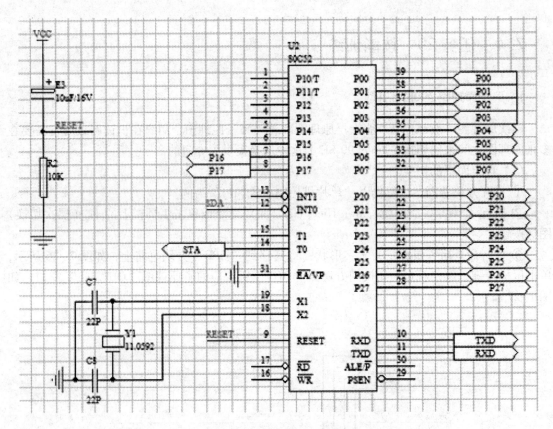

图 7-27 切换后的子原理图

若没有自上而下的切换铺垫，直接的自下而上的切换步骤是：

① 打开原理图文件。

② 执行"Tools"→"Up/Down Hierarchy"菜单命令或单击工具栏上的 ⬆⬆（层次切换）图标按钮。

③ 执行命令后，鼠标变为十字形状，将其移动至子原理图的任一 I/O 端口上单击鼠标左键，就完成了从子图到总方块图的切换。

**2. 绘制层次原理图**

将图 7-28 绘制成层次原理图。

**3. 将下面电路改成层次原理图绘制**

操作提示：图 7-29 所示是一个多功能提示器电路，本电路可设置成五个模块，第一个模块是波形变换模块，由 IC1 和 IC2 组成；第二个模块是 555 多谐振荡电路，由 IC4 组成；第三个模块是单稳态触发电路，由 IC3 组成；第四个模块是 CPU 电路，由 IC1 组成；第五个模块是电源电路。

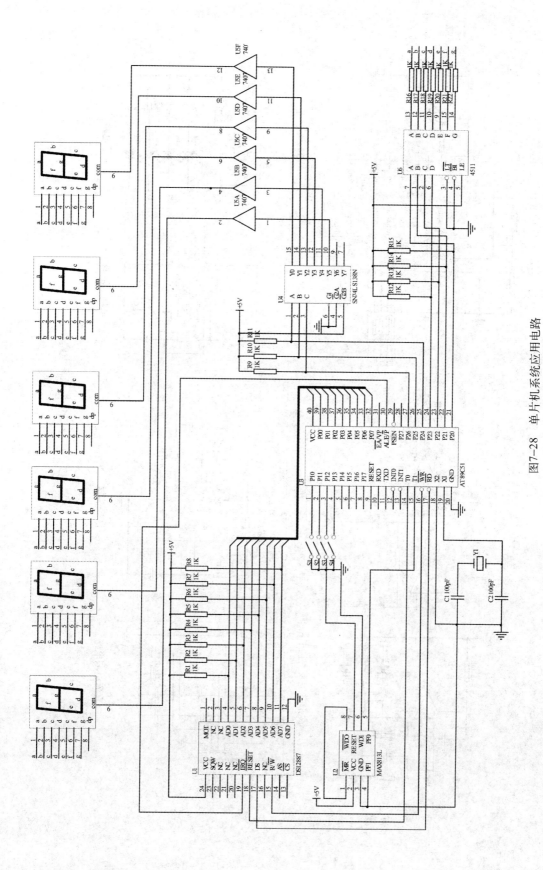

图7-28　单片机系统应用电路

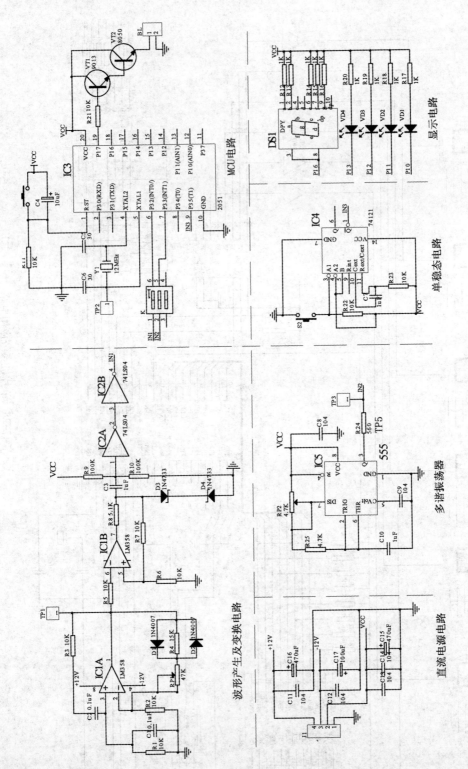

图7-29 多功能提示器电路图

# 实训 8　原理图编辑调整与报表打印

## 学习目标

(1) 掌握自动设置元件序号的设计方法。
(2) 掌握电路元件属性检查的设计方法。
(3) 掌握网络表的生成方法。
(4) 掌握其他报表文件的输出方法。
(5) 掌握原理图的打印方法。

在原理图绘制完成以后，还要进行电路进一步完善，如从整体上对原理图进行编辑和调整，另一方面还要生成一些报表文件，以供后续设计使用或供设计人员参考存档。

## 8.1　任务 30　原理图的编辑与调整

### 1. 自动设置元件序号

用户绘制好电路原理图时，常常手动设置元件的类型或标称值、元件序号及元件封装形式。一般元件的类型或标称值及元件的封装形式必须通过手动设置，而手动设置元件序号有许多缺点，如当电路较为复杂时，手工方式编辑元件序号不仅速度慢，而且容易出现重号或跳号的错误，这样也会给 PCB 设计时带来不便，为此，用户可以使用 Protel 99 SE 中提供的自动编号功能。

图 8-1 所示是已经编辑好的滤波稳压电路图，其中元件序号有点的杂乱，现对其进行自动编号。

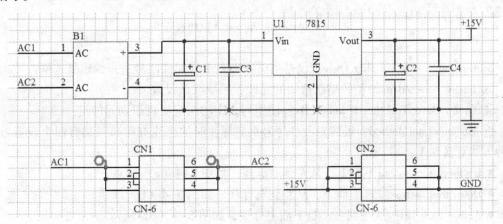

图 8-1　滤波稳压电路

（1）执行"Tools"→"Annotate"菜单命令，系统弹出如图8-2所示的自动标注设置对话框。该对话框中有两个选项卡，单击"Options"选项卡，其中各项内容含义如下：

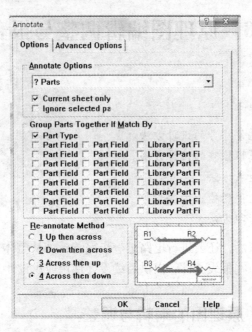

图8-2　自动标注设置对话框

① Annotate Options：标注选项，用于设置标注的方式及范围等，单击文本框中的下拉列表框，弹出如图8-3所示的选项，各项意义如图中所示。

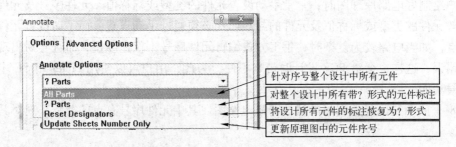

图8-3　Annotate Options下拉列表选项

② Current sheets Mumber Only：仅对当前原理图中的元件序号进行编辑复选框。

③ Ignore selected parts：忽略已选中的元件，采取默认设置。

④ Group Oarts Together If match By：使用列表中的匹配项目识别元件组。

⑤ Re-annotate Method：设置对元件序号重新标注时的标注方向，一共有四个设置方式，每种方式意义如下：

- Up then across：自下而上，从左到右标注，如图8-4（a）所示。
- Down then across：自上而下，从左到右标注，如图8-4（b）所示。
- Across then Up：从左到右，自下而上标注，如图8-4（c）所示。
- Across then down：从左到右，自上而下标注，如图8-4（d）所示。

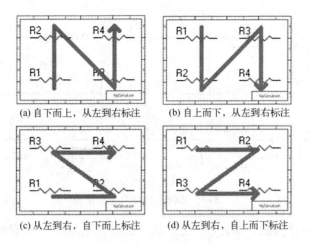

(a) 自下而上，从左到右标注       (b) 自上而下，从左到右标注

(c) 从左到右，自下而上标注       (d) 从左到右，自上而下标注

图 8-4　元件序号重新标注方式

（2）单击自动标注对话框的"Advanced options"选项卡，出现如图 8-5 所示的对话框，其中 Sheets in Project 栏中了待标注的原理图名称，From 栏中显示元件序号的起始值，默认值为 1000，To 栏中显示的是最大值，Suffix 为后缀列表。

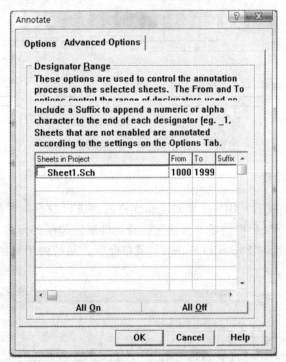

图 8-5　自动标注"Advanced options"选项卡

（3）进行自动标注设置。本设计中按如下步骤进行设置：

① 选择 Annotate Options 下拉列表框中的"Reset Designators"选项，即清除已编辑的元件序号，重新以 1 为起始号对元件序号进行标注。单击"OK"按钮确定，结果如图 8-6 所示。

② 选择 Annotate Options 下拉列表框中的"All Parts"选项。

③ 将"Current sheet only"复选框选中。

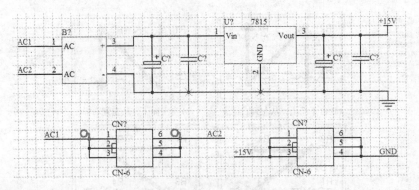

图 8-6　清除元件序号后的电路

④ 选择第一种标注方式，即自下而上，从左到右对元件序号重新标注。

⑤ 切换到"Advanced options"选项卡，设置标注从 1 号开始，然后单击"OK"按钮确定，最终元件自动标注结果如图 8-7 所示。

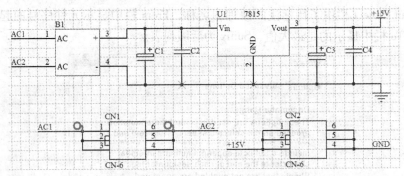

图 8-7　采用自动标注的滤波稳压电路

## 2. 电路元件属性检查

在编辑调整电路完成后，用户必须对电路元件属性进行检查，看看有没有个别元件的属性遗漏未填入。Protel 99 SE 提供了一种快速检查元件属性遗漏的方法，具体检查如下：

（1）执行"Edit"→"Export to Spread"菜单命令，系统弹出如图 8-8 所示的导出电子表格向导。

图 8-8　导出电子表格向导

（2）单击"Next"按钮，弹出如图 8-9 所示的对话框，选择在电子表格中要显示的原理图对象，由于我们只检查元件的属性，只要选择"Part"复选框即可，设置结果如图所示。

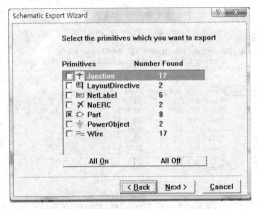

图 8-9　设置导出原理图对象对话框

（3）单击"Next"按钮，弹出如图 8-10 所示的对话框，设置在电子表格中要显示的元件属性，对话框左边显示当前原理图中共有 8 个元件，右边默认显示元件属性达到几十种，这里先按"All Off"按钮将所有选项勾掉，然后选择"Designator"、"Footprint"、"LibaraayName"、"LibRef"四项。

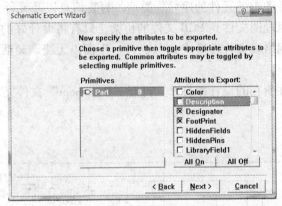

图 8-10　设置导出元件属性对话框

（4）单击"Next"按钮，弹出如图 8-11 所示的电子表格向导完成对话框。

图 8-11　导出电子表格向导完成对话框

（5）单击"Finish"按钮，系统显示导出的电子表格，如图 8-12 所示。从系统生成的电子表格中，我们看到元件的关键四个属性没有遗漏。如果有遗漏的话，我们还可以通过以下方法进行修正。

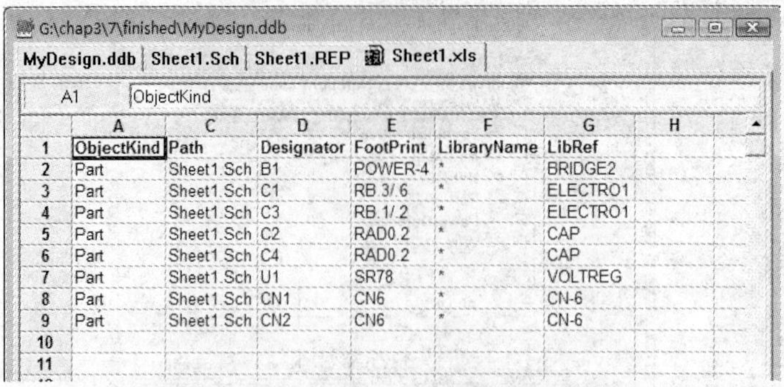

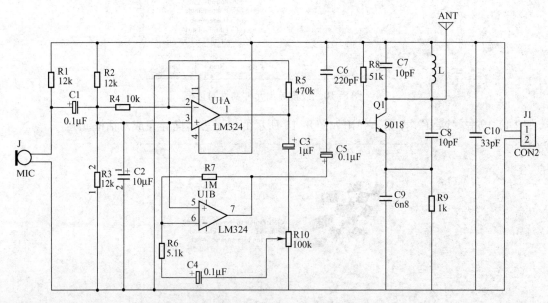

图 8-12　导出的元件属性检查表格

① 在电子表格中直接输入该元件遗漏的相关属性，完成后进行保存。

② 执行 "File" → "Update" 菜单命令，此时系统自动将原理图相应元件属性进行更新。

## 8.2　任务31　生成网络表

网络表是描述原理图中各元件的序号、类型、封装信息以及元件之间网络连接关系的数据表。网络表文件是原理图文件到 PCB 文件的桥梁，只有将设计好的原理图文件转换成网络表文件，然后才能将网络表文件转换成 PCB 文件。下面以无线调频话筒电路为例来介绍网络表的生成方法。

（1）将原理图文件所在的设计库打开，打开 "Document" 文件夹，双击相应的原理图文件名，如图 8-13 所示。

图 8-13　无线调频话筒电路

（2）执行 "Design" → "create Netlist" 菜单命令，弹出如图 8-14 所示的网络表生成设置对话框，该对话框中有两个选项卡，分别是 "Preferences"、"Trace Options" 选项卡，下面只对 Preference 选项卡设置。

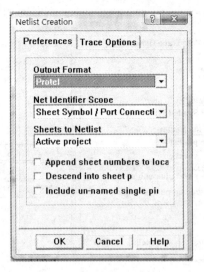

图 8-14　网络表生成设置对话框

- Output Format：网络表输出格式设置。单击右边的下拉列表框，可以看到 Protel 99 SE 提供了 Protel1、Protel2、Eesof 和 PCAD 等多种格式，这里采用最常用的 Protel 格式。
- Net Identifier Scope：设置网络标识符的识别范围。这里采用默认设置，如图 8-15 所示。

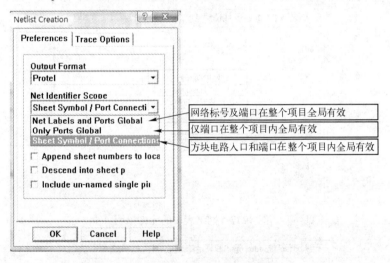

图 8-15　网络标识符的识别范围设置

- Sheet to Netlist：设置创建网络表所用的原理略图范围。下拉列表框中各项意义如图 8-16 所示，这里选择"Active Sheet"选项，因为现在只对当前的原理图生成网络表。
- Append sheet numbers to local nets：用于设置在产生网络表时，系统自动将原理图序号加到原理图的内部网络上。如果希望不同电路中的同名网络间不产生电气连接时，可以选择该项，本设计不选该项。
- Descend into sheet parts：细分到图纸元件内部。如果一个原理图元件代表一张子原理图，但是该元件又不是方块电路，那么创建网络表时就可以选择是否要细分该元件所代表的图纸内部，本设计不选该项。
- Include un-named single pins net：包括没有命名的元件引脚网络。因为有些元件的引脚可能悬空，所以就出现了这种没有命名的单引脚网络，本设计不选该项。

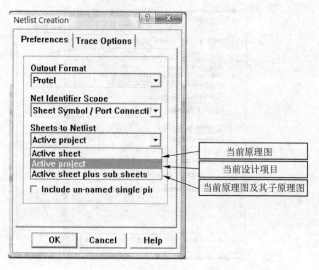

图 8-16　设置创建网络表的范围

（3）单击"OK"按钮确定，生成了名为"无线调频话筒 . NET"网络表文件，网络表包括两大部分，第一部分用"［　］"来表示元件的申明，包含了元件的相关信息，如图8-17所示；第二部分用"（　）"来进行网络定义，主要描述网络连接内容，如图8-18所示。

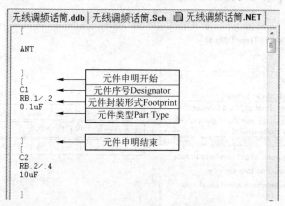

图 8-17　网络表中的元件申明

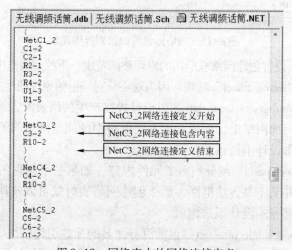

图 8-18　网络表中的网络连接定义

## 8.3 任务32 其他报表的输出与原理图打印

除网络表外，Protel 99 SE 还可生成多种报表，如元件列表、元件交叉参考表等。

### 1. 输出元件列表文件

元件列表是原理图中所有元件的一个详细清单，它主要包括元件的名称、标注和封装形式等。

（1）执行"Report"→"Bill of Material"菜单命令，弹出如图8-19所示的对话框，选择"Sheet"项，单击"Next"按钮进入下一步。

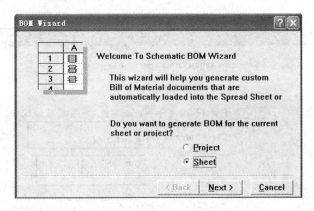

图8-19　BOM Wizard 对话框一

（2）系统弹出如图8-20所示的对话框，选中"Footprint"和"Description"选项，单击"Next"按钮进入下一步。

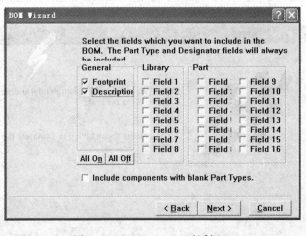

图8-20　BOM Wizard 对话框二

（3）系统弹出如图8-21的对话框，在些可定义元件列表上各列的显示名称，一般采取默认设置，单击"Next"按钮进入下一步。

（4）在接着弹出的对话框中，用户可以选择元件列表文件的类型，如图8-22所示。选择默认设置，单击"Next"按钮进入下一步。

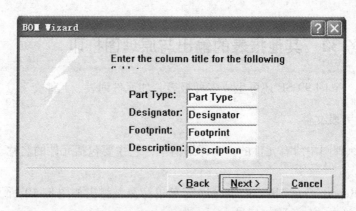

图 8-21　定义元件列表各列的显示名称

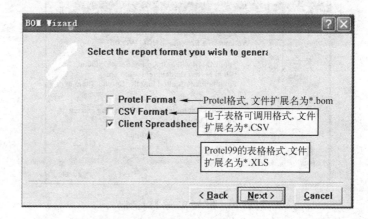

图 8-22　定义元件列表文件的类型

（5）系统弹出如图 8-23 所示的对话框，单击 "Finish 完成" 按钮。

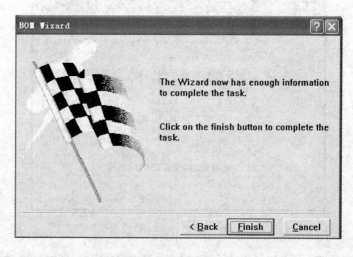

图 8-23　元件列表生成

（6）系统自动进入表格编辑器，并生成名为 "无线调频话筒 . XLS" 的元件列表文件，列表中详细地记录了原理图所有元件的信息，如图 8-24 所示。

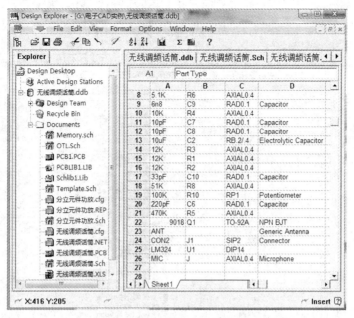

图 8-24  生成的元件列表文件

## 2. 输出项目设计层次列表

执行"Report"→"Design Hierarchy"菜单命令，系统弹出如图 8-25 所示的项目设计层次列表，在该列表中显示了设计项目路径、各文件的列表及文件之间的层次关系。使用这种列表可以帮助用户很好地了解设计项目的结构。

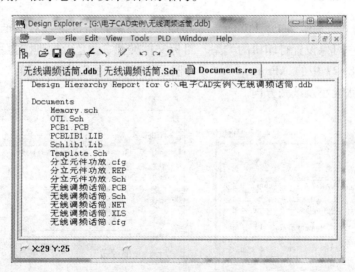

图 8-25  项目设计层次列表

## 3. 输出交叉参考列表

执行"Reports"→"Cross Reference"菜单命令，系统自动会生成该项目的元件交叉参考列表文件，如图 8-26 所示。

元件交叉参考列表可列出层次原理图设计文件中各个元件的编号、名称以及所在的原理图。

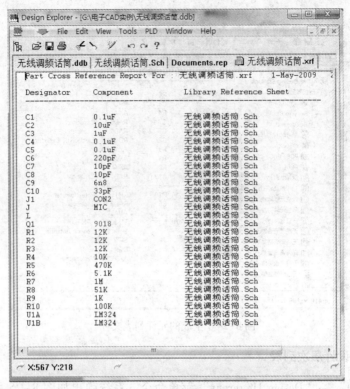

图 8-26　元件交叉参考列表

### 4. 原理图打印输出

（1）执行"File"→"Setup Printer"菜单命令，弹出打印机设置对话框，如图 8-27 所示，在此对话框中可以设置打印机的类型、目标文件类型、颜色及原理图显示比例等内容。

（2）单击图 8-27 中的"Properties..."按钮，弹出如图 8-28 所示的打印设置对话框，在此可以设置纸张大小及纸张方向。

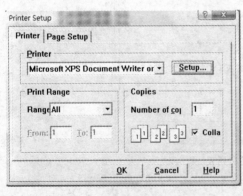

图 8-27　打印机设置对话框

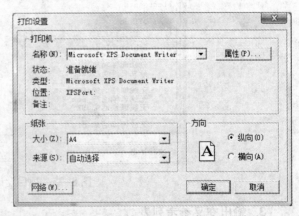

图 8-28　打印设置对话框

（3）设置完成后，单击"OK"按钮返回到图 8-27 中，再次单击"OK"按钮完成打印设置。

（4）打印输出。执行"File"→"Print"菜单命令，就开始进行原理图的打印工作了。

## 8.4 任务33 技能训练

（1）设计如图8-29所示的电路，并按自上而下，从左到右的标注方式对电路中元件序号进行自动标注。

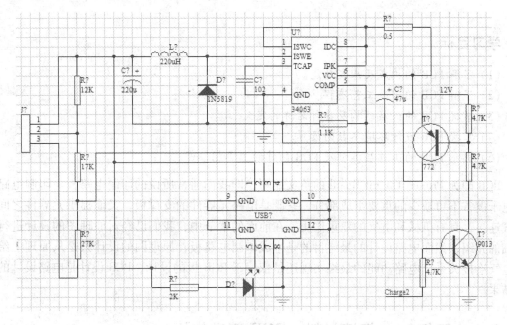

图8-29

（2）打开"C：\Program Files\Design Explorer 99 SE\Examples\4 Port Serial\Interface. ddb"设计数据库文件，完成以下操作：

① 创建原理图文件"4 Port UART and Line Drivers. sch"的网络表。

② 创建整个设计项目的网络表。

③ 输出原理图文件"4 Port UART and Line Drivers. sch"的元件清单。

④ 输出整个设计项目的元件清单。

⑤ 输出整个项目设计层次列表。

⑥ 输出交叉参考列表。

# 实训 9  PCB 设计基础

## 学习目标

(1) 了解 PCB 的构成及基本功能。

(2) 了解 PCB 的制造工艺流程。

(3) 掌握 PCB 的板层结构及各种名称的定义。

(4) 掌握 PCB 设计环境参数的设置。

(5) 熟悉 PCB 的工作层类型及 PCB 制作的工具栏。

PCB 即为 Printed Circuit Board 的英文缩写，即我们通常所说的印制电路板。印制电路板是电子设备不可缺少的重要组成部分，它既是电路元器件的支撑板，又能提供元器件之间的电气连接，具有机械和电气的双重作用。在前面的章节中，我们已经对原理图的设计进行了详细的介绍，然而电路设计的最终目的是生成印制电路板，原理图的设计只是从原理上给出了电气连接关系，电路功能的最终实现还是依赖于 PCB 板的设计，PCB 设计是电路设计的最终结果。

## 9.1  任务 34  阅读材料：PCB 基础知识

### 9.1.1  PCB 的基本构成与功能

#### 1. PCB 的基本构成

一块完整的 PCB 应有以下几个组成部分。

(1) 绝缘基材：一般由酚醛树酯、环氧树酯或玻璃纤维等具有绝缘隔热且不易弯曲的材质制成，用于支撑整个电路。

(2) 铜箔层：为 PCB 的主体，在 PCB 中是由铜箔层构成电路的连接关系，PCB 板的层数定义为铜箔的层数。

(3) 铜箔面：PCB 的上、下两面铜箔层，它由裸露的焊盘和被绿油覆盖的铜膜电路组成，各部分意义如下：

- 焊盘：用于在电路板上焊接固定元器件，也是电信号进入元器件的通路组成部分。
- 铜膜导线：用于连接电路板上各种元器件的引脚，完成各个元器件之间电信号的连接。
- 覆铜：在电路板上的某个区域填充铜箔，一般与地网络相连，以改善电路的性能，实际上覆铜也是铜膜导线。

(4) 阻焊层：用于保护铜膜电路，由耐高温的阻焊剂制成。

(5) 丝印层：丝印层主要是印制元件的编号和符号、电路的标志图案和文字代号等，便于加工时的电路识别，同时还可以保护铜箔层。

（6）过孔：用以连通各层需要连通的导线，过孔的孔壁圆柱面上用化学沉积的方法镀上一层金属。

图9-1所示是一块成品PCB板的铜箔面，从板上大概能够看出印制电路的一些基本构成。

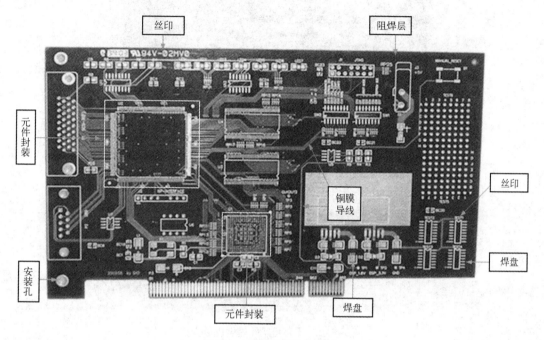

图9-1　成品印制电路板

## 2. PCB 的功能

在PCB上通常有一系列的芯片、阻容等元器件，它们通过PCB上的导线连接构成电路，电路通过连接器或插槽进行信号的输入输出，从而实现一定的功能。

（1）电气连接：为元器件提供电气连接，为整个电路提供输入输出端口及显示，如图9-2所示。

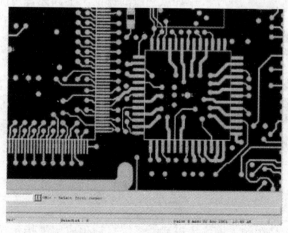

图9-2　PCB 实现元器件之间电气连接

（2）机械支撑：为集成电路及阻容元件的固定、装配提供了机械支撑，如图9-3所示。

图9-3　PCB为元器件提供机械支撑

## 9.1.2　PCB中的名称定义

### 1. 元件封装

元件封装实质上是确定元件在电路板上的空间位置，即实际元件焊接到电路板时显示的外观和焊点位置，它是实际元件引脚和印制电路上的焊点一致的保证。不同元件可能有相同的封装，相同元件可能有不同的封装。所以在设计印制电路时，不仅要知道元件的名称、型号，还要知道元件的封装。

元件的封装可分为针脚式和表贴式（SMT）两大类。例如，电阻元件的封装形式有 AXIAL0.3、AXIAL0.4、一直到 AXIAL1.0 共八种针脚式封装；还有 0805 等表贴式封装形式，图9-4所示为电阻元件的两种封装形式。关于元件的封装知识我们将在实训13中详细介绍。

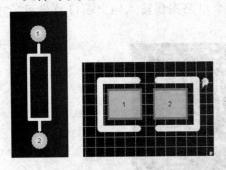

图9-4　电阻的两种封装

### 2. 飞线

飞线，即预拉线，是在输入网络表以后，系统自动生成用来指示布线的一种线，它只表示焊盘间有电气连接关系，并不是真正意义上的铜膜导线，如图9-5所示。

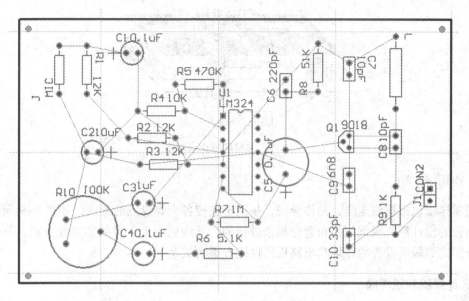

图 9-5 飞线的产生

飞线与导线的区别是：飞线只在形式上表示两元件间的连接关系，而导线表示两元件间的真实电气连接意义，一旦飞线布成真正的导线，则飞线自动消失。

### 3. 焊盘（Pad）和过孔（Via）

焊盘的作用是放置焊锡、连接导线和元件引脚。焊盘的形状有圆形、方形、八角形等，如图 9-6 所示。选择元件的焊盘类型要综合考虑该元件的形状、大小、布置形式、振动和受热情况、受力方向等因素。Protel 在封装库中给出了一系列不同大小和形状的焊盘，但有时这还不够用，需要自己编辑。过孔是为了连通各层之间的线路，在各层需要连通的导线的交汇处钻上一个公共孔。过孔的形状是圆形的且过孔没有编号，但可以有网络名称，如图 9-6 所示。

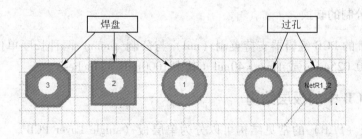

图 9-6 焊盘与过孔的形状

过孔有三种类型：贯穿整个板层的穿透式这孔、从最外层到中间某层的盲过孔和中间层到中间层之间的埋孔。工艺上在过孔的孔壁圆柱面上用化学沉积的方法镀上一层金属，用以连通中间各层需要连通的铜箔，如图 9-7 所示。而过孔的上、下两面做成普通的焊盘形状，可直接与上、下两面的线路相通，也可不连。

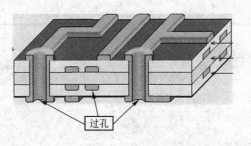

图 9-7　多层板过孔示意图

### 4. 铜膜导线

铜膜导线也称铜膜走线，简称导线，是用于连接各个焊盘点的导线，如图 9-9 所示。印制电路板的设计都是围绕如何布置导线来进行的，导线的宽度、导线的走线方式、导线之间的安全距离等规则设置的好坏与电路板的性能有很大关系。

### 5. 助焊膜和阻焊膜

助焊膜是涂于焊盘上即电路板上比焊盘略大的浅色圆斑，它是提高焊接性能的。阻焊膜正好相反，为了使制成的板子适应波峰焊等焊接形式，要求在电路板上非焊盘处不能粘锡，因此在焊盘以外的各部位都要涂覆一层绝缘涂料，用于阻止这些部位上锡，可见，这两种膜是一种互补关系，如图 9-8 所示。

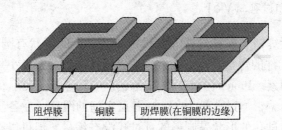

阻焊膜　　　铜膜　　　助焊膜(在铜膜的边缘)

图 9-8　阻焊膜与助焊膜

### 6. 英制与公制的转换

Protel 99 SE 的 PCB 编辑器支持英制（mil）与公制（mm）两种长度单位。它们的换算关系是：1mil = 0.0254mm 或 1mm = 40mil（其中 1000mils = 1Inches）。

## 9.1.3　PCB 中的板层结构

印制电路板（PCB）的常见结构可以分为单层板（single Layer PCB）、双层板（Double Layer PCB）和多层板（Multi Layer PCB）三种。

### 1. 单层板

一面敷铜、另一面没有敷铜的电路板。用户只能在敷铜的一面布线，在没有敷铜的一面放置元件（对于有贴片的电路，贴片则放置在敷铜的一面）。由于一面没有敷铜，因此单层板不能设置过孔，导线间不能交叉且必须有各自的路径，单层板适用于简单的电路板设计，图 9-9 是单层板的结构示意图。

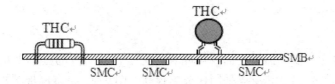

图 9-9　单层板结构示意图

## 2. 双层板

双层板包括顶层（Top Layer）和底层（Bottom Layer）两层，两面敷铜，中间为绝缘层。双层板两面都可以布线，一般需要由过孔或焊盘连通。双面板可用于比较复杂的电路，但设计工作比单层板容易，因此被广泛采用，是现在最常用的一种印制电路板。双层板实例如图 9-10 所示。

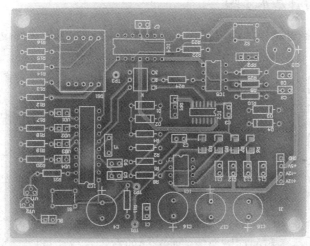

(a) 双层板上层

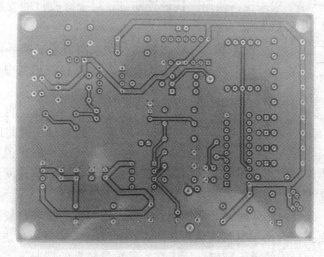

(b) 双层板下层

图 9-10　双层板结构

### 3. 多层板

多层板是指包含了多个工作层面的电路板。它是在双层板的基础上增加了内部电源层、接地层及多个中间信号层。其缺点是制作成本很高。图9-11是多层板结构。

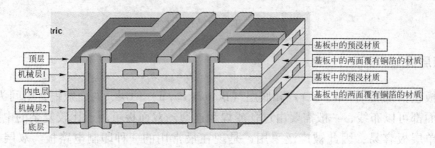

图9-11　电路板的结构

## 9.1.4　PCB 设计基本步骤

对于实际接触印制电路板的用户来说，首先就是要弄清 PCB 文件设计的基本工序，如图9-12 所示。

图9-12　PCB 设计步骤

（1）准备工作。准备工作就是利用原理图编辑器绘制出正确的电路原理图，并且要编辑好原理图中每个元件的封装名称，然后生成该原理图的网络表。在电路简单的情况下，可以直接进行印制电路设计。

（2）规划电路板。在绘制印制电路板之前，用户需要对电路有一个初步的规划。如 PCB 的尺寸、电路板的层数、元件的安装方式等。

（3）设置环境参数。用户根据个人的习惯，设置好印制电路板的环境参数。如元件的布置参数、板层参数、布线参数等。一般来说，使用默认设置即可，对于修改过的参数，第一次设置以后无需修改。

（4）载入元件封装库。导入网络表之前必须将原理图中所有元件的封装所在的封装库载入到 PCB 编辑器中，否则在导入网络表时，程序会提示导入失败。

（5）导入网络表。网络表是电路板布线的灵魂，也是原理图设计系统与印制电路板设计系统的接口，因此这一步是非常重要的环节。只有将网络表导入之后，才能完成电路板的自动布线。一般来说导入网络表不会一次成功，这就需要重新回到原理图中或网络表中进行修改，再重新创建网络表，重复以上过程直至没有错误才能进入下一步。

（6）元件布局。元器件的布局就是要确定元件在电路板上的摆放位置。元件布局除了要求美观整齐以外，更重要的是考虑布线是否方便。Protel 99 SE 中既可以进行自动布局，也可以手工布局，但自动布局的效果不理想，所以在元件数量较多的情况下，可以采取自动布局与手工布局相结合的方法来进行，在元件数量较少的情况下可以直接采取手工布局，这样更方便、更快捷。

（7）布线规则设置。在进行布线之前，首选要进行布线规则设置，如走线的宽度、导线与焊盘的安全距离、平行导线的间距、过孔的尺寸等。必要的布线规则设置将给我们布线带来方便，使 PCB 板图更符合工艺制作要求。

（8）自动布线与手工调整。PCB 的布线有自动布线、手工布线两种，一般情况下是自动与手工布线相结合。

（9）整体调整。即使电路板设计完成以后，仍然有很多地方需要完善，从整体优化角度考虑，可能还需要进行一些局部调整、添加各种注释信息等。

（10）报表输出与打印。将 PCB 文件保存，生成报表文件或打印输出。

### 9.1.5　PCB 快速制作流程

当制作好 PCB 文件后，接下来就是制作真正的 PCB 了，对于很多人来说 PCB 加工制作还很陌生。目前 PCB 生产有很多制作工艺，有自动加工也有手工制作，有要求高的也有要求低的，如果通过专业生产厂制作，则周期长、费用高，如果在实验室动手制作，则需要省时、省力的工艺设备，下面介绍一种热转印法来快速制作 PCB 的方法。

#### 1. 热转印方式工艺流程

热转印方式的工艺流程图如图 9-13 所示，主要设备如图 9-14 所示，各步骤意义如下。

设计电路 → 打印图纸 → 裁切电路板 → 图形转移 → 腐蚀 → 钻孔 → 抛光 → 涂助焊剂

图 9-13　热转印方式工艺流程图

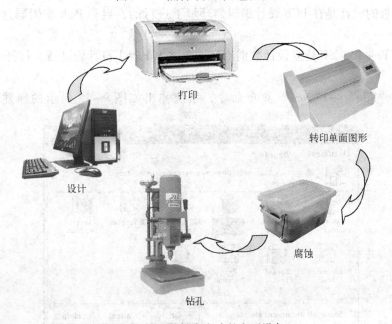

图 9-14　热转印方式的主要设备

#### 2. 主要设备

（1）设计电路。用专业的 PCB 设计软件设计出需要加工的 PCB 文件，导出电路的 PCB

布线图。

（2）打印。用激光打印机打印出事先设计的 PCB 布线图的反图，注意打印在图纸的光面，打印完后要仔细检查，确保打印的布线图无断线或砂眼。

（3）裁切电路板。根据 PCB 的设计尺寸，用裁板机裁切出合适外形尺寸的覆铜板。

（4）图形转移。将打印的图形对正覆铜板并压紧，送入热转印机将图形转移到覆铜板上，此时铜膜导线部分被一层墨粉覆盖保护住，仔细检查图形是否有漏掉部分。有时为了制作的电路板上光滑无污迹，事先还需要对覆铜进行酸洗预处理。

（5）腐蚀。将热转印后的覆铜板放入盛有 $FeCl3$ 或 $Hcl + H_2O_2$ 溶液的容器里进行腐蚀，去掉不是铜膜导线部分的覆铜，为了加速腐蚀进程，可用排笔轻刷或搅动蚀刻液，注意不要过腐蚀。

（6）钻孔。将腐蚀后的电路板凉干，选择合适的钻头安装在高速钻床上，将焊盘的孔钻通。在钻孔过程中一定要进刀适中，保证钻孔无毛刺。

（7）抛光。用去污粉或钢丝棉将电路板上的墨粉和氧化层擦拭掉，注意用力均匀，擦拭方向一致。

（8）涂助焊剂。最后用水清洗掉电路板上的污粉，再用风扇或吹风机风干电路板，涂上酒精松香溶液保护焊盘不氧化并有助焊作用。

## 9.2  任务35  PCB 设计编辑器及参数设置

### 9.2.1  启动 PCB 设计编辑器

印制电路板的设计是在 PCB 设计编辑器环境下进行的，启动 PCB 编辑器建立 PCB 文件步骤如下：

（1）启动 Protel 99 SE 建立设计数据库文件，进入 Protel 设计管理器，打开"Document"文件夹。

（2）执行"File"→"New"菜单命令，系统弹出如图 9-15 所示的新建设计文件对话框。

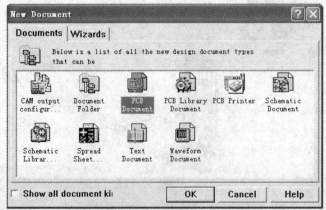

图 9-15  选择 PCB 编辑器

（3）单击选中"PCB Document"图标，再单击"OK"按钮确定或直接双击"PCB Document"图标，即可创建一个默认名为"PCB1. PCB"的 PCB 文件，如图 9-16 所示。

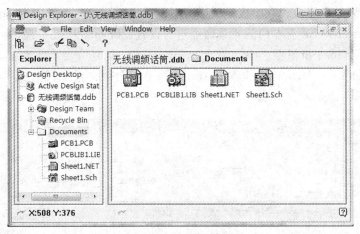

图 9-16　新建 PCB 文件

（4）在编辑器窗口中双击"PCB1. PCB"文件图标或在文件浏览器窗口中单击该文件图标，系统进入印制电路板的编辑器界面，如图 9-17 所示。

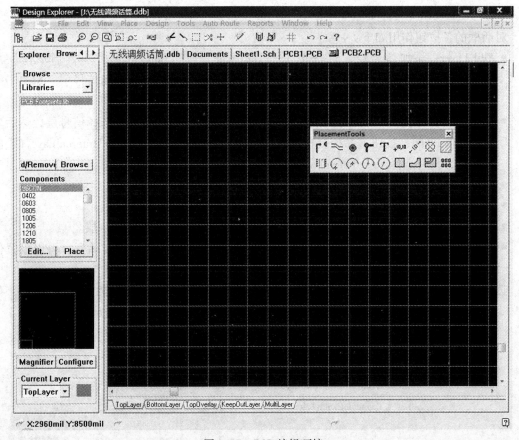

图 9-17　PCB 编辑环境

## 9.2.2　PCB 的工作环境设置

### 1. 设置板层

在进行 PCB 设计前，用户应当对自己设计的板层类型有所了解，是设计单层板、双层板还是多层板？如果是单层板和双层板，板层类型设置比较简单，后续内容将详细介绍，如果是多层板，则 Protel 99 SE 有专门的菜单命令进行设置。Protel 99 SE 中最多可设置 32 个信号层，16 个内电层，16 个机械层。

执行"Design"→"Layer Stack Manager..."菜单命令，系统弹出如图 9-18 所示的多层板设置对话框。

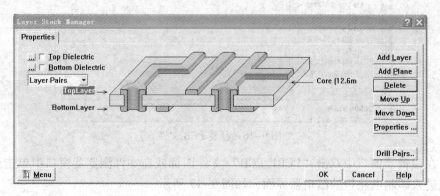

图 9-18  多层板设置对话框

对话框的各按钮作用如下：

- Add Layer：添加信号层，首选单击"TopLayer"或"BottomLayer"，然后单击一次"Add Layer"按钮，则系统自动添加一层名为"MidLayer1"的中间信号层。每单击一次，都自动添加一层信号层。
- Add Plane：添加内电层，即用来添加电源层或接地层，添加前先选择信号层，然后单击"Add Plane"按钮，系统会自动在该信号层下面添加一个名为"InternalLayey1"的内电层，只有选择了"BottomLayer"，才会在底层上方添加内电层。
- Delete：选中某一层后单击"delete"按钮就可删除该层。
- Move Up：单击"Move Up"按钮，就可使选中的层位置上移一层。
- Move Down：单击"Move Down"按钮，就可使选中的层位置下移一层。
- Properties：选择某一层，单击该按钮，就会打开该层的属性设置对话框。可以设置信号层、内电层和绝缘层的属性。

选中信号层，再单击"Properties"按钮，系统弹出信号层的属性设置对话框，如图 9-19 所示。同样内电层与绝缘层的属性设置分别如图 9-20、图 9-21 所示。

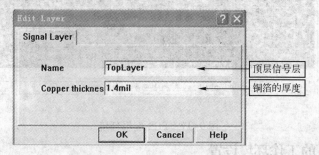

图 9-19  信号层属性设置

选中内电层，单击"Properties"按钮，系统弹出内电层的属性设置对话框，如图 9-20 所示。

单击"Core"（两面覆铜箔的层，即填充层）或单击"Prepreg"（预浸粘合胶片层，即绝缘层），都会弹出绝缘层属性设置对话框，如图9-21所示。PCB的核心材料是基板材料，最常见的基板为铜箔基板，即我们所说的覆铜板。铜箔基板材料可分为纸质、复合基板和FR-4三大类。而FR-4铜箔基板为目前的主流，它采用环氧树脂、9层玻璃纤维布和电镀铜箔制成。

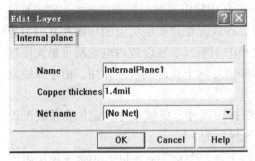

图9-20 内电层属性设置

图9-21 绝缘层属性设置

- Drill Pairs：设置电路板用于钻孔的两层。
- Menu：单击"Menu"按钮或在PCB板层设置对话框的空白处单击右键都可弹出与右侧按钮功能相同命令的下拉菜单。
- Top Dielectric：选中该复选框，则表示在顶层添加绝缘层，单击复选框左边的图图标按钮，在弹出的对话框可进行阻焊层属性设置。
- Bottom Dielectric：选中该复选框，则表示在底层添加绝缘层，单击复选框左边的图图标按钮，在弹出的对话框也可以进行阻焊层属性设置。

## 2. 工作层类型设置

PCB编辑中还包含一种层的环境，在设计PCB时，用户就是通过在这些不同的层上放置各种图件来完成设计的，在任意时刻，只有一个层是当前层。Protel 99 SE提供了若干工作层面，执行"Design"/"Options"命令，弹出如图9-22所示的"Document Options"对话框，在Layers选项卡中可以看到各种工作层面。

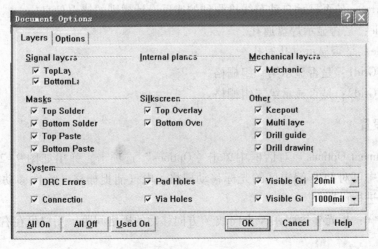

图9-22 工作层的设置

（1）Signal Layers。信号层是铜膜板层，主要是进行电气布线的，包括 TopLayer、Bottom-Layer 和 30 个 MidLayer。信号层中只有顶层和底层既可放置元件又可放置铜膜导线，中间的 30 层中只能放置铜膜导线。信号层为正性，即放置在这些层上的导线或其他对象代表了电路上的敷铜区。

（2）Internal plane layers。内电层是指内部电源层和内部接地层，主要用于放置电源线和地线。Protel 99 SE 提供了 16 个内部电源／接地层，元件中接电源的引脚和接地的引脚可直接连接到内部电源层和内部接地层。内电层是负性的，即放置在这些层面上的导线和其他对象代表了电路板上的未敷铜区。内电层通常是一块完整的铜箔，单独设置内电地层可最大限度地减少电源与地之间的连线长度，而且对电路中高频信号的干扰起到屏蔽作用。由于系统默认的是双层板，所以该区域下无设置项。

（3）Mechanical。机械层主要用于定义电路板的标注尺寸、机械尺寸、定位孔及装配说明等。Protel 99 SE 提供了 16 层机械层，系统默认机械层为 1 层。

（4）Masks。阻焊层与助焊层，其中阻焊层有两个，一个是 Top Solder mask（顶层阻焊层），一个是 Bottom Solder（底层阻焊层），它们的作用是设计过程中自动与焊盘匹配，在非焊盘处涂上绝缘漆以防止焊接。助焊层又叫防锡膏层，它也有两个，一个是 Top Paste Mask（顶层助焊层），一个是 Bottom Paste Mask（底层助焊层）。它与阻焊层是互补，这一层一般镀金或镀锡，用来帮助焊接。

（5）Silkscreen layers（丝印层）主要用于绘制元件的外形轮廓和标示元件序号。丝印层也有两层，分别是 Top Overlay（顶层丝印层）和 Bottom Overlay（底层丝印层）。

（6）Keepoutlayer（禁止布线层）作用是设置电气特性的铜一侧的边界。只有设置了禁止布线边界，系统才能进行自动布局和布线。

（7）Multiplayer（是否显示多层）若未选择，则象焊盘和过孔这些具有多层属性的对象将无法显示出来。

（8）Drill Guides 绘制和 Drilldrawing。Drill Guides（绘制钻孔导引层）用于描述钻孔位置的，Drilldrawing（绘制钻孔图层）用于描述钻孔图。

（9）System。系统区域包含多项设置，意义如下：

- Connect：是否显示飞线。
- DRC Error：是否显示自动布线检测到的违反设计规则的错误信息。
- Pad Hole：是否显示焊盘通孔。
- Via Hole：是否显示过孔通孔。
- Visible Grid1：是否显示第一组栅格。
- Visible Grid2：是否显示第二组栅格。

### 3. 栅格设置

在"Document Options"对话框中单击"Options"选项卡，弹出如图 9-23 所示的对话框，在对话框中可对 PCB 编辑区的光标移动栅格、电气捕捉栅格、元件移动栅格、栅格形状、栅格单位进行设置。

- Snap X/Y：指光标每次在 X 方向或 Y 方向移动的栅格间距。用户可在右边的编辑框设置参数。
- Component X/Y：指元件在 X 和 Y 方向移动的栅格间距。同样用户可在右边的编辑框

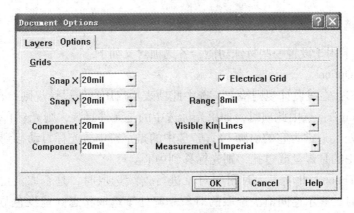

图9-23 栅格的设置

设置参数。

- Electrical Grid/Range：选中复选框表示显示电气栅格，并且下方的 Range 编辑框处于活动状态，否则不可编辑。若选中复选框，在进行布线时，系统会自动以光标为中心，Range 的值为半径的圆周区域捕捉焊盘，一旦捕捉到焊盘，光标会自动移到焊盘上。
- Visible Grid：设置栅格显示的形状，"Lines"表示线形，这是系统默认的栅格形状，"Dots"表示点形。
- Measurement Units：设置栅格的度量单位，有"Imperial"（英制）和"Metric"（公制）两种，也可通过菜单命令"View"→"Toggle Unit"进行单位切换。

### 9.2.3 PCB 设计的环境参数设置

执行"Tools"→"preference"菜单命令，系统将弹出如图9-24所示的 Preference 对话框，对话框中有六个选项卡，它包含了 PCB 编辑环境的各种参数，分别是 Options（选项设置）、Display（显示设置）、Color（工作层颜色设置）、Show/Hide（显示/隐藏设置）、Defaults（默认设置）、Signal Integrity（信号完整性分析设置）。要掌握这些设置是需要下一番工夫的，下面对常用的几个分别予以介绍。

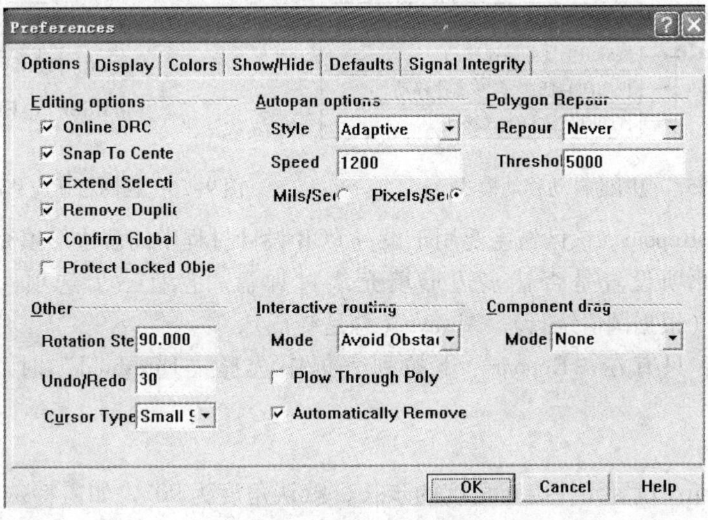

图9-24 Preference 对话框

**1. Options 选项卡**

Options 选项卡用于设置一些特殊功能，各选项含义如下：

（1）Editing Options。

● Onling DRC：在线设计规则检查。选中此项表示启用在线设计规则检查功能。

● Snap To Center：选中此项时，如果光标选中的是元件封装，则光标自动移到元件封装的参考点处（通常为它的引脚1）；若选中的是字符串，光标自动移到字符串的左下角处；若选中的是焊盘或过孔，则光标移到中心。

● Extend Selection：此项表示对图中对象进行连续选取时，是否取消已经选取的对象。选中此项时，表示连同前次选取的对象一起处于选取状态（呈反色显示）；不选择此项，则前次的选取被取消，本次选取对象呈选取状态。系统默认选择此项。

● Remove Duplicate：选择此项表示系统在输出数据时自动删除重复的对象。系统默认选择此项。

● Confirm Global Edit：选择此项表示在进行元件全局编辑时系统会自动弹出元件全局属性编辑对话框。系统默认选择此项。

● Protect Locked Object：此项表示保护锁定的对象。如果选择此项，在 PCB 编辑器中的任何操作对锁定的对象不起作用。若对锁定的对象进行操作时系统将弹出一个对话框询问是否继续此操作。

（2）Autopan Options。该区域主要用于设置 PCB 设计工作区中的视图的自动移动。

● Style：视图的自动移动模式，共有 7 种，如图 9-25 所示。

● Speed：当选择视图的自动移动模式为"Adaptive"时，"speed"编辑框用于设置视图移动的速度，如图 9-26 所示。当其移动速度单位有两种，一是英制单位 mils/sec（米尔/秒，1mils＝0.0254mm），一种是 Pixels/Sec（像素/秒），系统默认的是 Pixels/Sec。

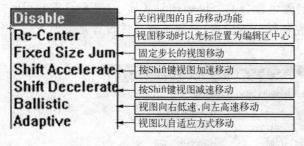

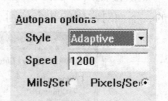

图 9-25　视图的自动移动模式　　　　　　图 9-26　视图自适应移动速度与单位选择

（3）Polygon Repour。该区域主要用于设置 PCB 设计过程中的多边形填充绕行方式。

● Repour：此项设置是否让多边形填充绕过焊盘。它有三个选项，Never（覆盖）、Threshold（根据阈值绕行）、Always（总是绕行）。

● Threshold：只有在"Repour"下拉列表框中选择"Threshold"时，该编辑框才起作用。

（4）Other。

● Rottion Step：设置元件旋转角度的步长，默认角度为 90°，如需特殊角度时，可在编辑框中输入。

● Undo/Redo：设置撤消操作与重复操作次数。默认为 30 次。

- Cursor Type：设置显示的类型。它有三个选项，Large Cursor90（大光标，90°方向）、Small Cursor90（小光标，90°方向）、Small Cursor45（小光标，45°方向）。

（5）Interactive routing。

- Mode：用来设置交互式布线的模式。它有三个选项，Ignore Obstacle 表示布线时遇到障碍时忽略障碍强行布线；Avoid Obstacle 表示布线时遇到障碍时避开障碍进行布线；Push Obstacle 表示布线时遇到障碍时移动障碍进行布线。
- Plow Through Poly：布线时使用多边形的方法来检测布线障碍。
- Automatically Remove Loops：自动删除多余的布线路径。

（6）Component drag。该区域主要用于设置在 PCB 设计过程中拖动对象时导线与元件引脚之间是否保持连接。前提是执行"Edit"→"Move"→"Drag"命令在拖动对象时选择才有效，如图 9-27 所示。

- None：不连接。
- Connected Tracks：保持连接。

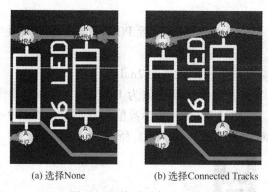

(a) 选择None      (b) 选择Connected Tracks

图 9-27 拖动对象时选择

## 2. Display 选项卡

Display 选项卡适用于设置 PCB 工作环境的显示功能，如图 9-28 所示，它由三个选项区域组成。

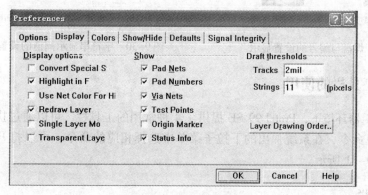

图 9-28 Display 选项卡

（1）Display Option（显示方式）。

- Convert Special String：选择此项时将特殊功能字符串转换为它所代表的文字显示。
- Highlight in Full：选择此项表示选取对象以高亮显示，勾掉此项，选取对象的轮廓以高亮显示，整个亮度不明显。

- Use Net Color For highlight：选择此项表示将所选择的网络高亮显示。
- Redraw Layer：选择此项表示进行图层切换时窗口显示将被刷新，以不同层设置的颜色显示该层的对象，没有刷新可以按"End"键。
- Single Layer Mode：表示图层以单层模式显示。
- Transparent Layers：选择此项对图层进行透明显示。

（2）Show。该区域主要用于设置 PCB 图上的信息显示。

- Pad Nets：选择此项表示显示焊盘所在的网络。如图 9-29（a）所示。
- Pad Numbers：选择此项表示显示焊盘的编号。如图 9-29（b）所示。
- Via Nets：选择此项表示显示过孔所在的网络。
- Test Points：选择此项显示测试点。
- Origin Marker：选择此项显示原点标记。
- Status Info：选择此项显示状态信息。即当光标移动某一对象时，状态栏会同步显示该对象的状态信息。

（3）Draft thresholds。该区域主要用于设置 PCB 图走线宽度阈值与字符串长度阈值的显示方式。

- Tracks：设置走线宽度阈值，默认值为 2mil。
- Strings：设置字符串长度阈值，默认值为 11Pixels。字符串长度阈值设置很有用，当 PCB 文件较大时，元件封装的编号及参数值将看不见，如图 9-30（a）所示，若将阈值改为 5，此时显示效果如图 9-30（b）所示。

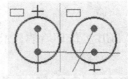
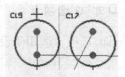

(a) 只显示焊盘　　(b) 只显示编号　　　　　(a) 默认阈值字符串显示效果　(b) 更改后字符串显示效果

图 9-29　焊盘与编号的设置显示　　　　　图 9-30　字符串显示阈值的设置

## 9.2.4　工具栏的使用

在 PCB 编辑器环境下，Protel 99 SE 提供了 4 种常用的工具栏，可以通过执行"View"→"Toolbars"菜单命令，在系统弹出的下拉子菜单中选择相应的命令，可以打开或关闭相应的工具栏，如图 9-31 所示。

### 1．主工具栏

主工具栏主要提供一些常见的印制电路设计菜单操作命令的快捷按钮，多数按钮与原理图设计的按钮功能相同。只有 3D 视图、交叉检查、设置光标移动栅格等按钮是 PCB 设计编辑器所特有的，如图 9-32 所示。

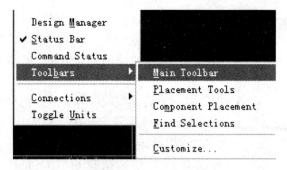

图 9-31　PCB 的工具栏

图 9-32　PCB 的主工具栏

## 2. 放置工具栏

执行"View"→"Toolbars"→"Placement Tools"菜单命令，可以打开放置工具栏，该工具栏主要为用户提供各种图形绘制及布线命令，如图 9-33 所示。

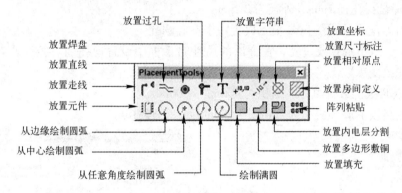

图 9-33　PCB 的放置工具栏

PCB 放置工具栏的多数按钮与前面原理图设计的放置工具栏按钮的操作相似，这里要特别注意的是 r‘ 按钮和 ≈ 按钮的区别：前者常用于绘制具有电气连接的导线，而后者常用于绘制没有电气连接的导线。在手工布线时，若使用后者连线，导线连接关系虽然有效，但不会实时检测连接关系。对于放置填充区、放置多边形敷铜、放置内电层几个按钮将在后面章节予以介绍。

# 9.3　任务 36　技能训练

（1）定义一块长 10cm，宽为 9cm 的电路板，要求在"Keep Out Layer"层绘制电气边界、在机械层标注尺寸。

操作提示：

① 在文件夹中建立设计数据库，再新建 PCB 文件，进入 PCB 编辑环境。

② 执行"View"→"Toggle Units"菜单命令将英制单位切换成公制单位（执行"Design"→"Options"菜单命令，在弹出的对话框中选择"Options"选项卡也可改变测量单位）。

③ 单击编辑区下方的工作层标签，选择"Keep Out Layer"。

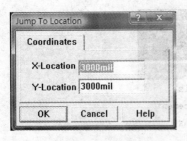

图9-34 设置电路板的起点坐标

④ 单击放置工具栏中的 ┏ （放置走线）图标按钮，光标变为十字命令形状，按下快捷键"J"、"L"，在弹出的对话框中设置电路板的起点坐标，如图9-34所示。

⑤ 单击"OK"按钮确定，按回车键两次或直接回车三次，第一条边框线就绘制完成，此时光标仍处于命令状态，按此方法绘制其余三条边框线。

⑥ 用鼠标单击工作层中的"Mechanical4"（机械层），若没有机械层，则执行"Design"→"Mechanical Layer..."菜单命令，在弹出的对话框中任意选择一个机械层即可，一般选择"Mechanical4"，然后单击放置工具栏中的 ✐ 对布线范围进行标注。

（2）打开"C:\Program Files\Design Explorer 99 SE\Examples\4Protel. ddb"库文件。

① 单层显示观察PCB的各个层的特点。

② 以"Final"、"Draft"、"Hidden"三种模式显示。

（3）在电路板上放置两个焊盘。

① 方形焊盘：孔径0.5mm，外径为2.5mm×3mm。

② 圆形焊盘：孔径1mm，外径为2.5mm。

（4）利用焊盘或过孔在PCB板上放置一个空心圆孔

操作提示：双击焊盘或过孔，在弹出的属性对话框中设置通孔的直径，若看不到效果，需反复设置并改变参数。

（5）在PCB板上放置填充，面积为400mil×500mil。

（6）在电路板上放置面积为400mil×500mil的两个敷铜区。

① 90°敷铜。

② 实体敷铜。

操作提示：

a. 单击放置工具栏上的 ⌐ 图标按钮，弹出如图9-35所示的对话框。

b. 在"Plane Settings"区域中，将"Grid Size"编辑框中的20mil改为小于等于8mil，单击"OK"按钮确定。

c. 光标变为十字命令形状，在PCB编辑区画出一个面积为400mil×500mil的矩形区域，观看结果。

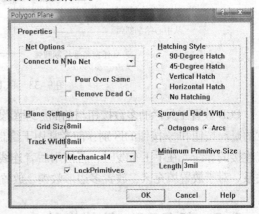

图9-35 敷铜的设置

# 实训 10  PCB 设计之电路板规划与网络表导入

## 学习目标

（1）掌握网络表的创建与导入方法。

（2）掌握电路板的规划方法与技巧。

（3）了解实用的布局原则。

（4）掌握元件手工布局步骤。

（5）掌握自动布局的规则设置与自动布局方法。

前面已经介绍设计一个 PCB 文件的具体步骤，可以从中看出要想从原理图得到一个印制板图是有很多任务要做的，下面将 PCB 设计分解，先介绍电路板规划、元件封装库装载和元件布局的内容。

## 10.1  任务 37  准备原理图和网络表

PCB 设计的第一步就是要绘制好电路原理图，然后根据原理图生成网络表。因为在 Protel 系统中，网络表是连接原理图与印制电路板的重要桥梁，网络表把原理图中电气符号的连接关系转化为印制电路板中元件封装的连接关系，是进行电路板自动布线的依据，电路板中通过网络表的网络特性生成的飞线给手工布线带来很大方便。

从原理图生成网络表必须满足下面两个条件：

（1）原理图绘制正确经检查确认无误。

（2）原理图中的每个元件定义了元件封装。

### 1. 准备电路原理图

打开一个已经设计好的原理图，如图 10-1 所示。

### 2. 确定元件封装

对于熟练的操作者来说，在绘制原理过程中就已经定义了元件的封装，也可以在原理图绘制完成后再编辑元件的封装。例如，双击 555 集成定时器，打开其属性设置对话框，如图 10-2 所示，图中已经有一个"DIP-8"默认封装，若库里有该封装，可以不必改动，若封装名称不符则需要改变或自行创建封装（自定义封装将后续内容介绍）。

对于初学者来说，对元件封装的名称和位置是比较陌生的，需要一段时间的训练就可以熟练掌握了，现在把原理图中元件的封装以表格形式给出，如表 10-1 所示。

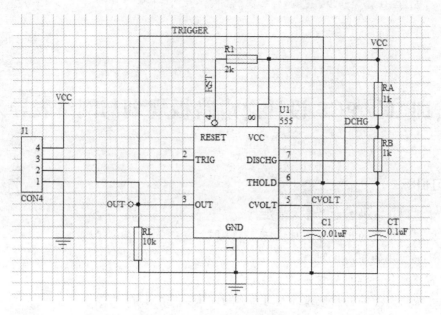

图 10-1　多谐振荡器

图 10-2　555 集成定时器的属性设置

表 10-1　元件属性列表

| 元 件 编 号 | 原理图元件符号 | | 印制板元件封装符号 | |
|---|---|---|---|---|
| | Lib Ref | Libraries. lib | Footprint | Libraries. lib |
| R1、RL、RA、RB | RES2 | | AXIAL0. 4 | |
| CT | ELECTRO1 | | RAD0. 1 | |
| C1 | CAP | Miscellaneous Devices. lib | RAD0. 1 | PCB Footprints |
| J1 | CON4 | | SIP4 | |
| U1 | 555 | Sim. ddb | DIP8 | |

### 3. 创建网络表

在原理图编辑器窗口中，执行"Design"→"create Netlist…"菜单命令，生成多谐振荡器的网络表，如图 10-3 所示。

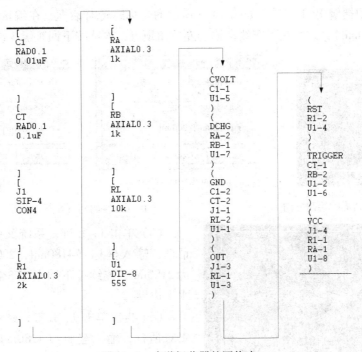

图 10-3  多谐振荡器的网络表

## 10.2  任务 38  电路板规划

任何电子产品都有尺寸要求，因此在设计 PCB 图时，用户应根据实际需要来确定电路板的尺寸，即规划电路板。规划电路板通常包括确定电路板的物理边界和电气边界，物理边界是在机械层上确定，包括参考孔位置、外部尺寸等，一般由公司或制造商提出具体要求，用户可不必规定。电气边界是用来约束元件布局和布线的，它是通过在禁止布线层上绘制边界来确定的，信号层上的所有对象和走线都被限定在电气边界内。

现给出印制电路板尺寸：宽 × 高 = 2180mil × 1380mil

由于电路板规划的是矩形尺寸，一般情况下是确定矩形的一个顶点坐标，然后利用绘制直线的方法画出一个矩形，但这种方法的缺点是在两个直角边的交汇处出现折线或不光滑，需要反复修改坐标才能满意，既费时又费力。下面介绍一种方便快速的绘制电气边界的方法。具体步骤如下：

（1）切换工作层。首先将当前工作层切换至"Keep Out Layer"，如图 10-4 所示。

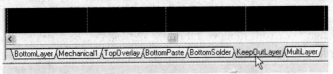

图 10-4  将当前层设置为禁止布线层

（2）规划绘制方向。确定电气边界的绘制方向，这样可以在修改坐标时心中有数，不易出错，如图10-5所示。

（3）单击工具栏上的⋍图标按钮或执行"Place"→"Track"命令，使光标处于十字命令状态。

（4）单击快捷键J、L，弹出如图10-6所示的光标跳转对话框，在编辑框输入坐标数值（2000mil，2000mil），设为矩形布线范围的左下角顶点，连续按下回车键3次。

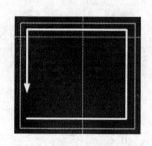

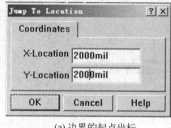

(a) 边界的起点坐标

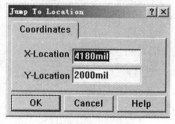

(b) 边界的终点坐标

图10-5  电气边界的绘制方向

图10-6  编辑边界坐标对话框

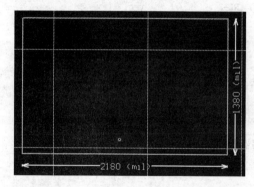

图10-7  电路板尺寸的规划及绘制

（5）单击J、L键，系统又弹出坐标编辑对话框，输入坐标（4180mil，2000mil），即长度为2180mil，连续按下回车键3次。绘制了一条水平边界。

（6）再次单击J、L键，系统又弹出坐标编辑对话框，输入坐标（4180mil，3380mil），即高度为1380mil，连续按下回车键3次。绘制了一条垂直边界。

（7）按照上述方法，依次绘制矩形的另两条边界，结果如图10-7所示。

## 10.3  任务39  载入元件封装库和网络表

电路板规划好以后，就可以将网络表中的元件导入PCB编辑器，以供后续的元件布局和布线。

### 1. 载入元件封装库

在启动PCB编辑器时，在左边的PCB封装库浏览器的窗口中有一个默认的库文件"PCB Footprints. lib"已经载入，如图10-8所示。如果对话框中没有列出元件封装库供用户选择，则用户可通过下列任一操作方法均可加载元件封装库。

（1）执行"design"→"Add/Remove Library"菜单命令。

（2）在左边PCB浏览器窗口中，单击"Browse"下拉列表框，选择"Library"项，然后单击"Add/Remove..."按钮。

（3）单击主工具栏上的图标。

图10-8  默认载入的元件封装库

在执行了上述三种操作方法的任一种后，系统自动弹出添加/删除封装库的对话框，在对话框找到系统自带的元件封装库。目录是"C:\Program Files\Design Explorer 99 SE\Library\PCB"，如图10-9所示。

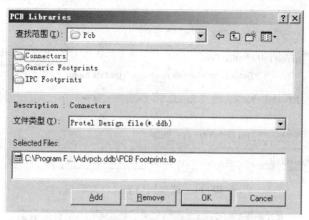

图10-9　系统自带元件封装库位置

该目录中有三个文件夹，包含了各种元件封装库库文件。用户要知道自己设计的原理图中所有元件对应的元件封装在哪一个库里，这样才能正确地载入元件封装库。本例中暂且不添加新的封装库，只使用系统默认的封装库"PCB Footprints. lib"，它是"Advpcb. ddb"里的库文件，如图10-10所示。

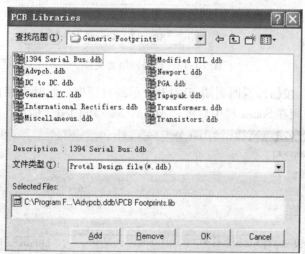

图10-10　添加/删除元件封装库对话框

## 2. 导入网络表和元件

网络表与元件的导入过程实际上就是将原理图设计的数据导入到印制电路板设计系统的过程。具体步骤如下：

（1）在PCB编辑器中执行"Design"→"Load Net..."菜单命令，系统弹出如图10-11所示的选择网络表文件对话框。

（2）单击对话框中的"Browse..."按钮，进入如图10-12所示的选择网络表文件的对话框，单击"Documents"文件夹前的"＋"号，展开当前PCB文件所在的设计数据库文件中的所有文本文件，选择"多谐振荡器.NET"网络表文件。

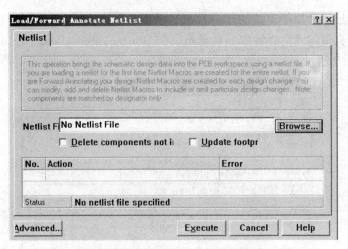

图 10-11　选择网络表文件对话框

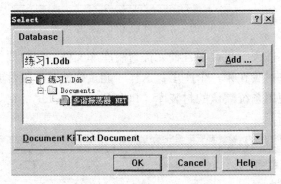

图 10-12　选择网络表文件

（3）单击"OK"按钮，返回到图 10-13 所示的对话框，此时程序自动生成相应的网络宏，如果导入正确，则在 Status 栏中显示"All macros validated"信息，如果导入网络表时有

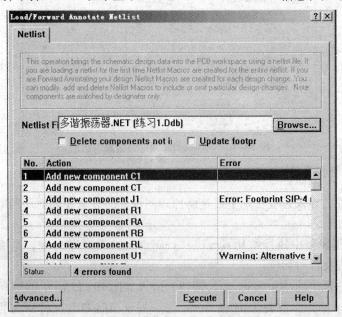

图 10-13　自动检查导入网络表错误

错误，将在对话框中 Status 栏中显示错误的个数，需要返回查找原因并进行修改，本图所示表示导入网络表有 4 个错误。

对话框中有两个选项，含义如下：

- Delete components not in netlist：选择该项表示系统将自动删除当前网络表中没有连线的元件。
- Update footprint：选择该项表示程序遇到不同元件封装时，系统自动更新元件封装。

"Netlist Macros"（网络宏）列表框有三列，含义如下：

- No. ：表示进行 PCB 转换时的步骤顺序。
- Action：表示进行 PCB 转换时的相应步骤的操作。
- Error：显示 PCB 转换时的警告和错误信息。

在生成网络宏时最常见的错误如表 10-2 所示。

表 10-2　导入网络表的常见错误和原因

| 错误信息 | 原因 |
| --- | --- |
| Footprint not found library | 元件封装不在当前元件封装库中 |
| Component not found | 网络连接时找不到相应的元件 |
| Node not found | 找不到元件封装的焊盘 |
| Component already exist | 元件已经存在 |
| Net not found | 找不到网络标识 |
| Alternative footprint used instead | 系统引用了替代封装 |

本例中的错误主要是：4 脚插座 J1 的封装所在的库没有添加，现在将"Miscellaneous. ddb"数据库里的"Miscellaneous. lib"库文件添加进去，再重新导入网络表，这次结果如图 10-14 所示，网络表导入完全正确，对于"Warning"（警告）项可以忽略。

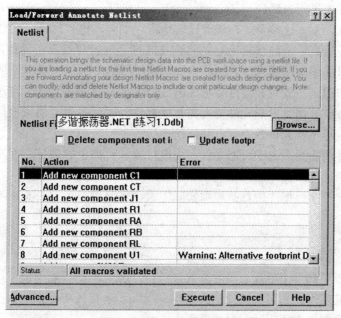

图 10-14　正确导入网络表

（4）单击"Excute 执行"按钮，系统将自动导入网络表和元件，结果如图 10-15 所示。

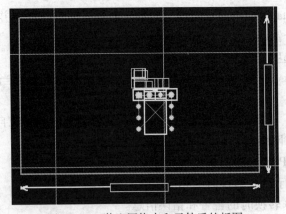

图 10-15　装入网络表和元件后的板图

## 10.4　任务 40　元件布局

加载网络表和元件以后，接下来就是对元件进行布局了，可以说，布局质量的好坏决定着布线的布通率，在很大程度上也决定着板子的好坏。

### 1. PCB 布局原则

如果布局能够遵循一些原则进行，那么对用户设计有很大帮助。

（1）按照信号流向布局。按照电路信号从左到右、从上到下的原则，一般输入在左边，输出在右边，按照信号流向来逐一排布元件，输入与输出端不宜靠得太近，以免产生寄生电容引起电路振荡，导致系统工作不稳定。

（2）围绕核心元件布局。先分析电路的功能，再判别一个功能电路的核心元件，然后围绕核心元件为中心来进行布局。

（3）考虑干扰因素。这涉及的知识点比较丰富，如强弱电要远离、模数器件要远离、输入输出元件要尽量远离、电源线较长时要加滤波电容且电容尽量靠近器件的 $V_{cc}$、若电路有调频信号，则尽可能缩短调频元件之间的连线。

（4）均匀分布原则。放置元器件要考虑以后的焊接，元件之间要均匀分布，疏密有致。

（5）考虑热效应原则。发热元件要远离其他元件，要尽量靠近通风散热的位置，若考虑加装散热片时，应尽量将元件放置到电路板的边缘。

（6）可调元件的布局。对于可调元件，如电位器、可调电容器等，在布局时要考虑其机械结构，同时要考虑便于操作者操作。

布局原则还有很多，但一般都是根据实际需求和经验进行的，只有在不断的实践中提高布局的效率。

### 2. 手工布局

一般元件的布局都采用手动布局的方式来进行，因为手动布局不但可以很好地根据实际情况来进行，并且还可以利用布局规则来进行，所以手动布局布出来的板子效果都比自动布局好得多，下面我们先介绍手动布局的操作。

（1）设置推挤深度。执行"Tools"→"Auto Placement"→"Set shove Depth..."菜单命令，弹出如图10-16所示的对话框，编辑框里的数值默认为 0，根据情况将推挤元件数目设置为

5，单击"OK"按钮确定。

（2）推挤。执行"Tools"→"Align Components"→"Shove"菜单命令，光标变为十字形状，移动光标到重叠的元件处单击鼠标左键，元件自动散开，结果如图 10-17 所示。

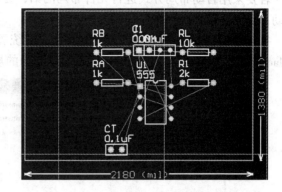

图 10-16　推挤深度设置　　　　　　　　　　　图 10-17　元件推挤结果

（3）设置栅格间距和光标移动单位。执行"Design"→"Options"菜单命令产，在出现的对话框中选择"Options"标签，各项设置如图 10-18 所示。

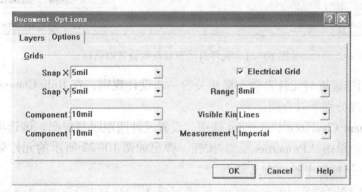

图 10-18　栅格间距和光标移动单位设置

（4）调整元件位置。进行选中、移动、旋转操作可以调整元件位置和方向，得到如图 10-19所示的元件布局图。

（5）对齐。在布局过程中使同类元件的位置保持整齐、间距疏密有致是非常必要的。

先选取需要对齐的元件，再执行"Tools"→"Align Components"→"Align"命令，弹出对齐元件对话框，可以设置元件的水平方向和垂直方向的选项，该对话框的含义在原理图设计章节中已详细讲过，这里不再赘述。元件布局最终效果如图 10-20 所示。

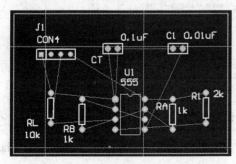 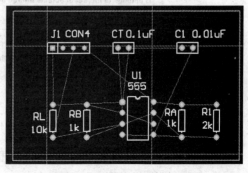

图 10-19　手工调整的元件布局图　　　　　　　图 10-20　最终的元件布局图

### 3. 设置自动布局规则

若要采用自动布局方式进行元件布局的话，为了使布局符合用户自己的要求，有必要在自动布局之前设置一些布局规则。

执行 "Design" → "Rules" 菜单命令，系统弹出印制电路板设计规则对话框，选择 "Placement" 标签，可以进行设置元件自动布局的规则设置，如图 10-21 所示。

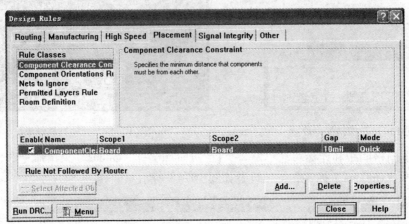

图 10-21　元件自动布局规则设置对话框

Place 标签用于设置与元件自动布局相关的一些设计规则，在 Rule Classes 区域有 5 项相关的设计规则，现分别予以介绍。

（1）Component Clearance Constraint 选项。设置元件间距限制规则。该选项用于设定元件之间的最小间距。单击 "Properties..." 按钮，弹出如图 10-22 所示的元件最小间距设置对话框。"Edit Rule" 标签中各项意义如下：

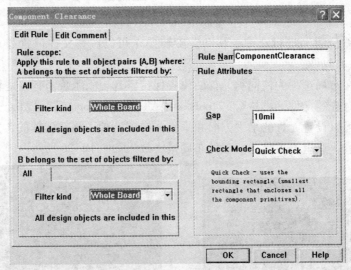

图 10-22　元件间距设置对话框

- Rule scope：表示设置规则应用的范围，有 Whole Board、Footprint、Component Class、Component 4 种选项。

- Rule Name：设置规则的名称，此处是元件安全距离。
- Gap：设置元件间最小间距，用户可以在编辑框中进行编辑，默认设置是"10mil"。
- Check Mode：设定检测时采用的模式。有 Quick Check、Multi Layer Check、Full Check 3 种模式。

（2）Component Orientations Rule 选项。设置元件布置方向规则。该选项用于设置 PCB 板元件放置方向的规则。在图 10-21 中所示的"Rule Classes"区域选中"Component Orientations Rule"选项，然后单击"Properties..."按钮，弹出如图 10-23 所示的元件布置方向设置对话框。对话框中元件的布置角度有 0°、90°、180°、270°、All Orientations（任意角度）5 种。

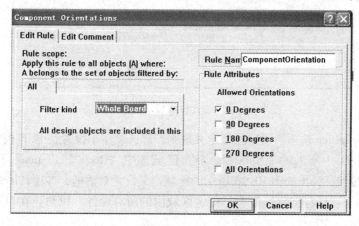

图 10-23　元件布置方向设置对话框

（3）Nets to Ignore 选项。设置网络忽略规则。该选项用于设置在 Cluster placer 元件自动布局时需要忽略布局的网络，这样可以加快自动布局的速度。在图 10-21 中所示的"Rule Classes"区域选中"Nets to Ignore"选项，然后单击"Properties..."按钮，弹出如图 10-24 所示的网络忽略规则设置对话框。在 Filter kind 下拉列表框中有两种选择，含义如下：

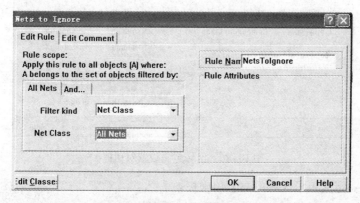

图 10-24　网络忽略规则设置对话框

- Net Class：选择所需要的网络类。
- Net：选择该项后，相应的下面会出现 Net 列表框，从中可以选择所要忽略布局的网络名。

（4）Permitted Layers Rule 选项。设置允许元件放置层规则。该选项用于设置允许元件放置的层。在图 10-21 中所示的"Rule Classes"区域选中"Permitted Layers Rule"选项，然后单击"Properties..."按钮，弹出如图 10-25 所示的允许元件放置层规则设置对话框，用户可以选择元件是放置在"Top Layer"还是放置在"Bottom Layer"，系统默认设置是两层上都可以放置元件。

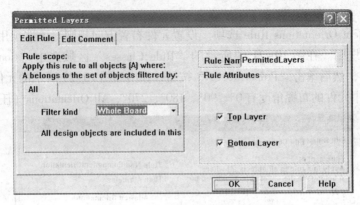

图 10-25   允许元件放置层设置对话框

（5）Room Definition 选项。设置区域定义规则。该选项用于设置在 PCB 板上元件布局方面的区域。在图 10-21 中所示的"Rule Classes"区域选中"Room Definition"选项，然后单击"Properties..."按钮，弹出如图 10-26 所示的区域定义设置对话框，各项具体意义如下：

- Room Locked：选择该复选框表示锁定区域内的所有元件，以防止在自动或手动布局时移动该区域内的元件。
- （x1，y1）：定义矩形区域的左下角坐标。

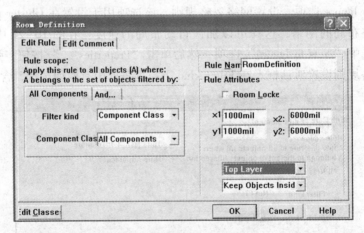

图 10-26   区域定义设置对话框

- （x2，y2）：定义矩形区域的右上角坐标。
- Top Layer 与 Bottom Layer：定义矩形区域所在的层。
- Keep Objects Inside 与 Keep Objects Outside：定义元件在区域内布局还是区域外布局。

### 4. 自动布局

设置完自动布局的规则后，就可以开始执行布局操作了。

执行"Tools"→"Auto Placement"→"Auto Placer"菜单命令，弹出如图 10-27 所示的自动布局对话框。

（1）Cluser Placer：分组式布局器。这种布局器根据元件的连接关系将元件分成组，然后按照几何关系放置元件组，这种算法适合于元件数目较少的情况。单击"OK"按钮，布局结果如图10-28所示。

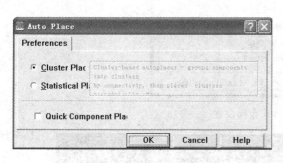

图10-27 自动布局对话框

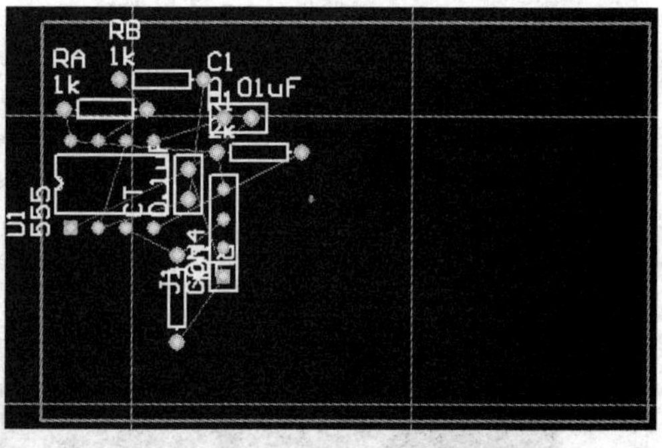

图10-28 分组式布局结果

（2）Statistical Placer：统计式布局器。这种布局器采用统计学算法来布置元件，使元件之间的连线长度最短，这种方法适合元件较多的情况。选择该项，系统显示出隐藏的设置选项，如图10-29所示。

- Group Component：此项功能是将当前网络中彼此有紧密联系的元件归为一组。这样元件组内的元件统一进行布局调整，在整个布局系统中，该组被作为一个整体来考虑，系统默认选择此项。
- Rotate Component：选中该项表示在进行布局时允许元件或元件组旋转。系统默认选择该项。

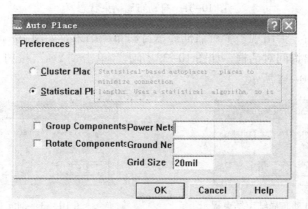

图10-29 统计式布局设置对话框

- Power Nets：用于设置电源网络名称，一般设置为$V_{CC}$，也可以设置几个电源网络名称，在编辑框中用空格符隔开即可。
- Ground Nets：用于设置接地网络名称，一般设置为GND。
- Grid Size：用于设置布局栅格的大小，每个元件的参考点之间的间距都是栅格大小的整数倍，栅格不能设置过大，否则自动布局时有些元件可能会被挤出PCB的边界外边。

本例电源网络为 +$V_{CC}$，接地网络为GND，如图10-30所示，单击"OK"按钮确定，系统开始自动布局，编辑界面不断显示布局过程，如图10-31所示。

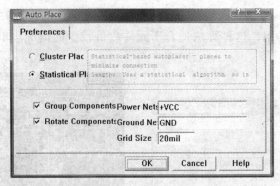

图 10-30　统计式布局设置

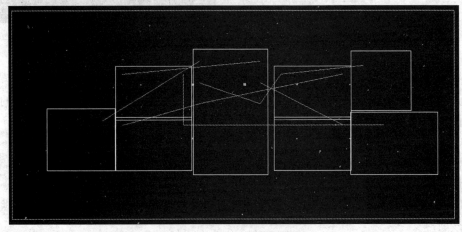

图 10-31　自动布局结束状态

自动布局结束后，会出现一个对话框提示自动布局结束，如图 10-32 所示。单击"OK"按钮，紧接着又弹出询问对话框，如图 10-33 所示，单击"Yes"按钮，系统更新电路板数据，布局结果如图 10-34 所示。

图 10-32　自动布局结束结束提示

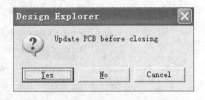

图 10-33　询问对话框

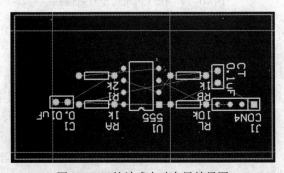

图 10-34　统计式自动布局效果图

从图中可以看出，自动布局效果并不理想，元件不再按种类排列在一起，元件的位置也不符合用户的要求，因此还需要对自动布局进行手工调整。

## 10.5 任务41 技能训练

（1）利用向导规划电路板，尺寸为 $4000\text{mil} \times 3000\text{mil}$，4 个角为 200mil 正方形切角，双层板。

操作提示：

① 执行"File"→"New"菜单命令，新建设计数据库。

② 在新建设计中，再执行"File"→"New"菜单命令，系统弹出编辑器选择对话框，单击"Wizards"选项卡，如图 10-35 所示。

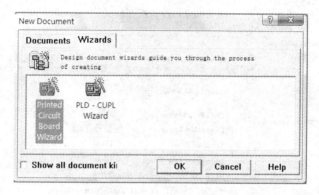

图 10-35 Wizard 向导选项卡

③ 双击"Printed circuit Board Wizard"图标，进入板框设计向导，如图 10-36 所示。

图 10-36 板框设计向导

④ 单击"Next"按钮，进入板框样式选择对话框，该对话框提供了各种板框的样式，系统默认选择的是"Custom Made Board"（自定义板框），如图 10-37 所示。这里采取系统默认设置。

⑤ 单击"Next"按钮，进入板框外形选择对话框，如图 10-38 所示，主要设置如下：

- Width：设置板框宽度，这里设置为 4000mil。
- Height：设置板框高度，这里设置为 3000mil。
- Rectangle（矩形）、Circle（圆形）、Custom（自定义）：设置板框外形，这里设置 Rectangle（矩形）单选按钮。

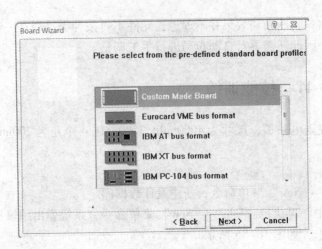

图 10-37 设置板框样式

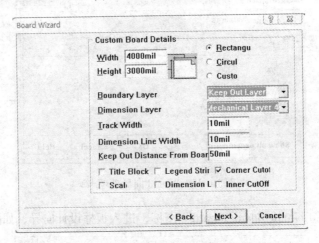

图 10-38 设置板框外形

- Boundary Layer：设置边缘走线所在的板层，一般设置在 Keep Out Layer（禁止布线层）。
- Dimension Layer：设置尺寸标注所在的板层，一般设置在 Mechanical 4（机械层第 4 层）。
- Track Width：设置走线宽度，这里采用默认设置 10mil。
- Dimension Line width：设置尺寸标注线宽度，这里采用默认设置 10mil。
- Keep Out Distance From Board：设置板框边缘走线到实际电路板边缘的距离，这里采用默认设置为 50mil。
- Title Block：设置是否显示标题栏，这里禁用。
- Legend String：设置是否显示蚀刻字符串，这里禁用。
- Dimension Lines：设置是否在生成的板框内显示尺寸线，这里禁用。
- Corner Cutoff：设置是否显示板框四边切角，这里启用。
- Inner Cutoff：设置板框内孔是否显示，这里禁用。

⑥ 单击"Next"按钮，进入板框尺寸设置设置对话框，如图 10-39 所示，由于在上一步已经设置好了，这里就不再改动了。

⑦ 单击"Next"按钮，进入板框切角尺寸设置对话框，将切角设置成正方形，边长为 200mil，如图 10-40 所示。

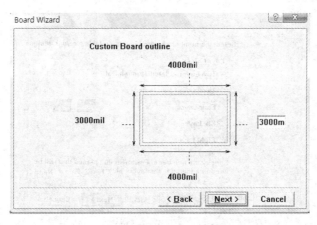

图 10-39　板框尺寸设置

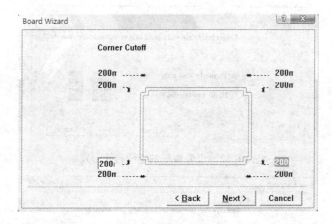

图 10-40　板框切角的设置

⑧ 单击"Next"按钮，进入板框板层设置对话框，各项意义如下：

● Two Layer-Plated Through Hole：两层板，通孔电镀。

● Two Layer-Non Plated：两层板，通孔不电镀。

● Four Laery：四层板。

● Six Layer：六层板。

● Eight Layer 八层板。

这里选择两层板，通孔电镀单选项，下面的选项是设置添加的内电层的层数，这里设置为"None"，如图 10-41 所示。

⑨ 单击"Next"按钮，进入板框走线过孔类型的设置，如图 10-42 所示，选择"Thru-hole Vias only"（贯穿孔），两层板只能选择此项设置。

⑩ 单击"Next"按钮，进入电路板上元件形式设置对话框，各项意义如下：

● Surface-mount components：表贴元件。

● Through-hole components：针脚直插元件。

● Nember of Tracks between adjacent pads：两焊盘之间允许走线的个数。

这里选择"Through-hole components"和"Two"两个单选按钮，如图 10-43 所示。

⑪ 单击"Next"按钮，进入最小走线宽度、最小过孔的焊盘直径、最小过孔孔径、最小线间安全距离等制板参数设置，这里采用默认设置，如图 10-44 所示。

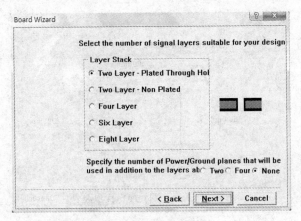

图 10-41　板层的设置

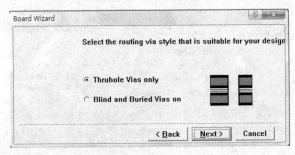

图 10-42　设置板框的走线过孔形式

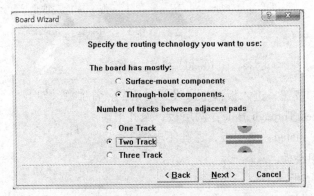

图 10-43　电路板上元件形式的选择

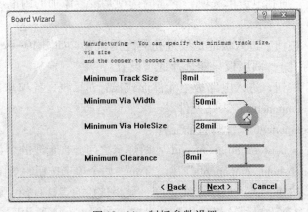

图 10-44　制板参数设置

⑫ 单击"Next"按钮，进入如图 10-45 所示的对话框，系统询问是否保存模板，这里不作模板保存。

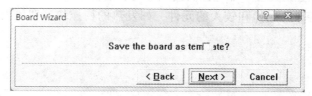

图 10-45　保存模板询问对话框

⑬ 单击"Next"按钮，进入如图 10-46 所示的对话框，此时板框规划已经完成。

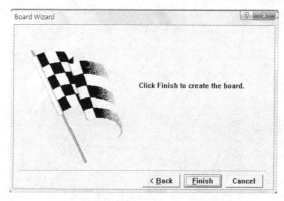

图 10-46　板框向导设计完成对话框

⑭ 单击"Finish"按钮完成设置，通过向导自动生成的电路板框，如图 10-47 所示。

图 10-47　自动生成的电路板框

（2）将图 10-48 所示的电路导入到 PCB 环境中，用手工布局方式对元件进行布局。

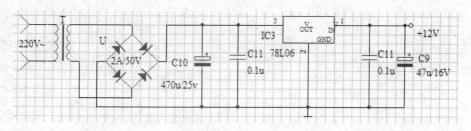

图 10-48　稳压电源图

操作提示：元件的布局可以按下列顺序进行：

① 先放置固定位置的元件，如电源插座、开关、连接件等，一般放在边缘处。

② 放置线路上特殊的元件和较大的元件，如发热的稳压块、变压器等，为了有利于散热，也要靠边放置。

③ 放置小元件。

# 实训 11　PCB 设计之布线规则设置与布线

## 学习目标

(1) 熟悉和理解布线原则。
(2) 掌握布线规则的设置。
(3) 掌握 PCB 设计中的自动布线方法。
(4) 掌握半自动布线的方法。

在 PCB 设计中，布线是完成产品设计的重要步骤，在整个 PCB 设计过程中，布线设计过程要求最高、技巧最细、难度最大、工作量最多。下面从 PCB 布线规则设置、自动布线及手工布线三个任务来介绍布线的操作。

## 11.1　任务 42　元件的布线原则与规则设置

### 1. 布线原则

布局完毕后就要进行布线了，在整个电路板的设计过程中，布线工作是一个非常复杂且耗时的过程，是最能体现设计技巧和水平的工作，但它同样遵循一些基本原则。

(1) 连线精简原则。连线要尽量短，少拐弯。

(2) 电磁抗干扰原则。在高频电路中或布线密集的情况下，若走线的拐弯成直角或锐角时会影响电路的电气特性。应尽量使用 45°或圆角走线。双面板的导线应互相垂直、斜交或拐弯走线，避免相互平行，以减小寄生耦合等。

(3) 安全载流原则。铜膜导线的宽度应能保证承载电流的能力，一般情况下系统默认的线宽为 10mil，能承载的最大电流为 1A，50mil 承载最大电流 2.5A，100mil 承载最大电流 4A。

(4) 安全工作原则。输入、输出导线避免相邻平行，以免发生回流；信号线不能出现回环走线；要保证两线最小间距能够承受所加电压峰值；导线与焊盘处的过渡要圆滑，避免出现小尖角，以免高压时击穿电路板；重要信号线不准从插座间穿过。

(5) 电源线和接地线的考虑。电源和地线应尽量呈放射状，手工布线时，应先布电源线，再布地线，且电源线应尽量在同一层面。

### 2. 布线规则设置

不管是自动布线还是手工布线，在布线之前都需要对电路板的布线规则进行设置。Protel 99 SE 提供了强大的自动布线器，通过设置合理的布线规则，可以提高布线的质量和布线的成功率。

执行"Design"→"Rules..."菜单命令，系统弹出如图 11-1 所示的布线设计规则对话框，该对话框共有 6 个选项卡，本节主要介绍第一个布线规则选项卡，在"Rule Classes"规则类列表框中有 10 个关于布线的设计规则，现一一予以介绍。

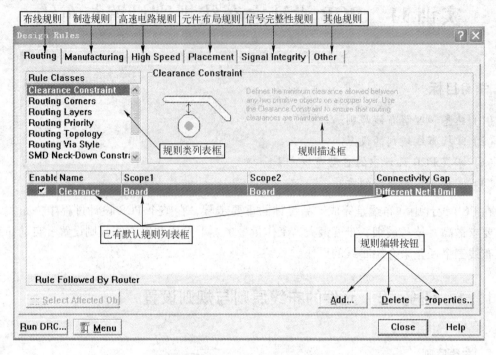

图 11-1　布线设计规则设置对话框

（1）Clearance。安全间距设置规则。该规则表示在保证电路正常工作情况下，导线与其他对象之间的最小距离。在对话框的下边显示了各种设计规则中包含的条目和该条目的名称、适用范围和该条目的属性参数。单击"Add"按钮，添加新规则；单击"Delete"按钮，删除新规则；单击"Properties..."按钮，编辑该规则的属性。在图 11-1 中，将光标移动到"Clearance Constraint"选项，然后单击"Properties..."按钮，弹出如图 11-2 所示的走线安

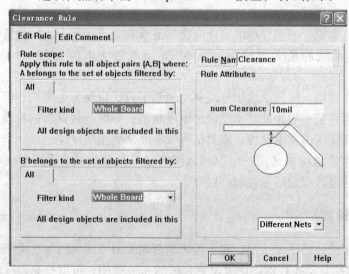

图 11-2　安全间距设置规则

全间距设置对话框。在对话框右边为设置安全间距规则的名称（一般不用修改）和设置安全间距大小的编辑框。通常情况下安全间距越大越好，但是太大的安全间距造成电路不够紧凑，同时也意味着制造成本提高。一般情况下，安全间距在 10～20mil 之间，本例采取系统的默认设置 10mil。

（2）Rounting Coners。导线拐角设置规则。该规则用于设置导线的拐角模式，本设置只在自动布线时起作用，手工布线不受该规则的约束。在"Rule Classes"列表框中选择"Rounting Corners"，弹出如图 11-3 所示的导线拐角模式选择对话框。

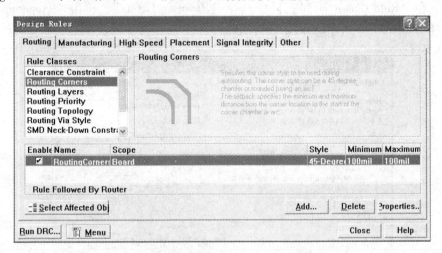

图 11-3　导线拐角模式选择对话框

单击"Properties..."按钮，系统弹出如图 11-4 所示的导线拐角模式设置对话框。

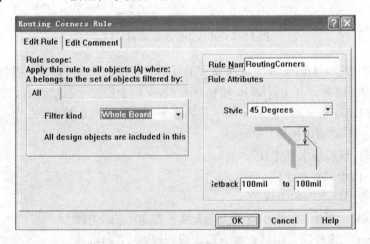

图 11-4　导线拐角模式设置对话框

对话框中"Rule Attributes"区域中的"Style"列表框提供了三种拐角模式：90°拐角、45°拐角及圆弧形拐角。如图 11-5 所示。

通常情况下，由于 90°拐角容易出现应力集中的现象，在受到力或热的影响下容易断裂和脱落，所以一般不选取这种拐角模式。在选择 45°和圆弧形拐角模式时，其下方的 Setback 编辑框用于设置拐角的大小，选择 45°时表示拐角高度，选择圆弧形时，表示圆弧半径。To 编辑框用于设置最小拐角的大小。本例选择 45°拐角和 100mil 拐角高度。

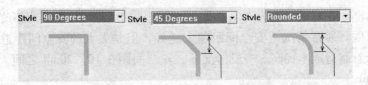

图 11-5　导线的三种拐角模式

（3）Rounting Layers。布线工作层设置规则。该规则用于设置在布线过程中哪些信号层可以使用。在"Rule Classes"列表框中选择"Rounting Layers"，单击"Properties..."按钮，系统弹出如图 11-6 所示的布线工作层设置对话框。

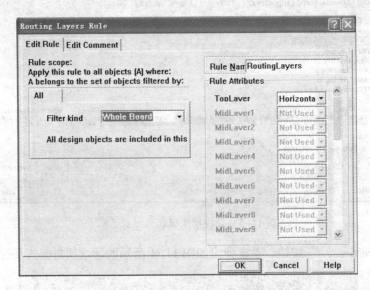

图 11-6　布线工作层设置对话框

在对话框的"Rule Attributes"区域显示了可用于布线的层有 32 个，因为系统默认当前的 PCB 为双层板，因此只有 Top Layer 和 Bottom Layer 两个层处于激活状态，即为可以布线的两层，单击 Top Layer 或 Bottom Layer 的下拉列表框，可以选择走线方向。各项意义如下：

- Not Used：不使用该板层。
- Horizontal：该板层水平走线。
- Vertical：该板层垂直走线。
- Any：该板层任意方向走线。
- 1 O'Clock：该板层采用一点钟方向走线，即 30°方向走线。
- 2 O'Clock：该板层采用二点钟方向走线，即 60°方向走线。
- 3 O'Clock：该板层采用三点钟方向走线，即 90°方向走线。
- 4 O'Clock：该板层采用四点钟方向走线，即 120°方向走线。
- 5 O'Clock：该板层采用五点钟方向走线，即 150°方向走线。
- 45 Up：该板层采用向上 45°方向走线。
- 45 Down：该板层采用向下 45°方向走线。
- Fan Out：该板层以扇出方向走线。

一般对于双层板来说，顶层与底层一定要采取不同的走线方式，如顶层采用 Horizontal

（水平）走线方式式，底层采用 Vertical（垂直）走线方式，这样可以减少 PCB 板中两层之间的串扰和互感。在本例中，采取的是单层板，所以 Top Layer 设置为 "Not Used"，即不走线，Bottom Layer 设置为 "Any"，即走线方向是任意的，单击 "OK" 按钮确定。

（4）Routing Priority。布线优先级设置规则。该规则用于设置自动布线时的优先级。在 "Rule Classes" 列表框中选择 "Routing Priority"，单击 "Properties..." 按钮，系统弹出如图 11-7 所示的自动布线优先级设置对话框。

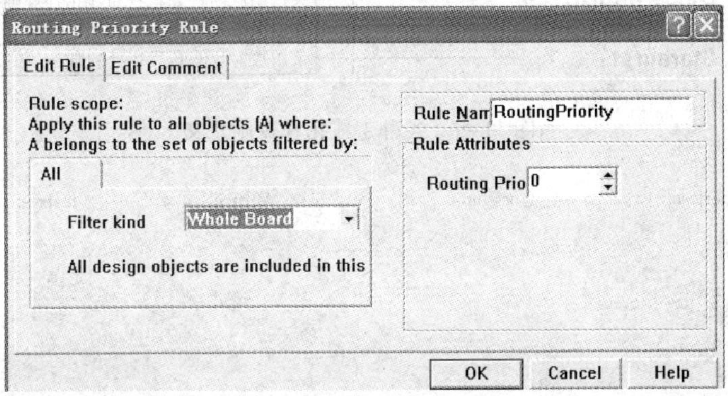

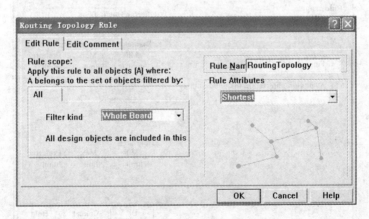

图 11-7　布线优先级规则设置对话框

该对话框中的 Rule Attributes 用于设置布线规则的优先级顺序，优先级范围为 0～100，共 101 级，数值越大，优先级越高，优先级最高的在自动布线时最先布线，所以对于一些需要走线尽可能短的网络，可以设置较高的优先级。

（5）Routing Topology。布线的拓扑规则设置。该规则用于设置自动布线时采用的拓扑规则。所谓拓扑规则，就是按照一定的拓扑算法，对电路板布线结构做出某种限制。在 "Rule Classes" 列表框中选择 "Routing Topology"，单击 "Properties..." 按钮，系统弹出如图 11-8 所示的走线拓扑规则设置对话框。

图 11-8　走线拓扑规则设置对话框

该对话框中的 Rule Attributes 用于设置布线规则的走线拓扑规则，下拉列表框中有七个选项，各选项意义如图 11-9 所示。各种走线拓扑类型如图 11-10 所示。

（6）Routing Via style。过孔类型设置规则。该规则用于设置走线时过孔的有关尺寸。在

"Rule Classes"列表框中选择"Routing Via style",单击"Properties..."按钮,系统弹出如图11-11所示的过孔尺寸设置对话框。

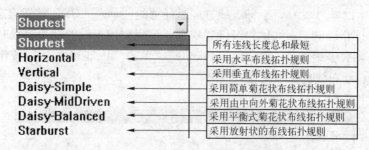

图11-9　各种走线拓扑规则意义

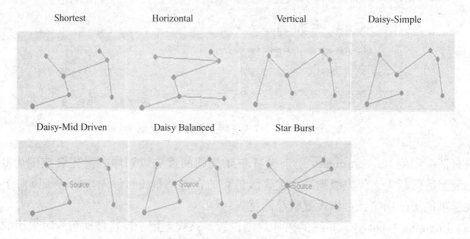

图11-10　各种走线拓扑类型

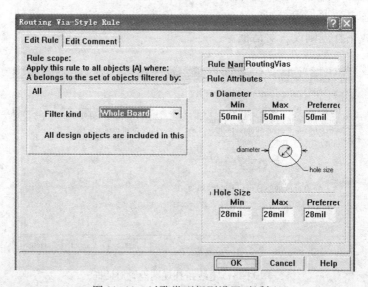

图11-11　过孔类型规则设置对话框

　　该对话框中的 Rule Attributes 用于设置过孔的外径和内径尺寸参数。其中 Via Diameter 设置过孔外径,Via Hole Size 设置过孔内径。各有三种定义方式,含义如下:

- Min：设置最小尺寸。
- Max：设置最大尺寸。
- Preferred：设置首选尺寸。其范围应在 Min 和 Max 的值之间。

（7）SMD Neck-Down Constraint。导线宽度与 SMD（表面贴装元件）焊盘宽度比值规则设置。该规则用于设置导线宽度与 SMD 焊盘底座宽度的最大比值限制。其含义如图 11-12 所示，该参数是以百分比形式表示的。

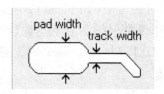

图 11-12　导线宽度与 SMD 焊盘底座宽度示意图

在"Rule Classes"列表框中双击"SMD Neck-Down Constraint"，系统弹出如图 11-13 所示的"SMD Neck-Down Constraint"设置对话框。在 Rule Attributes 区域的"Neck-Down"编辑框中，可以设置"Track Width"和"Pad Width"的比值，这个比值是以百分比形式输入的，它表示导线宽度与 SMD 焊盘底座宽度的最大比值不能超过设定的值。

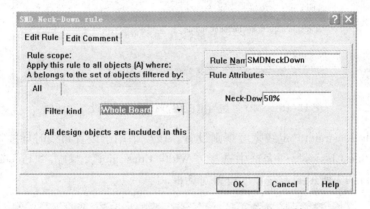

图 11-13　SMD Neck-Down Constraint 设置对话框

（8）SMD To Corner Constraint。SMD 焊盘与导线拐角的最小间距限制规则设置。该规则用于设置 SMD 焊盘与导线拐角的最小距离，其示意如图 11-14 所示。

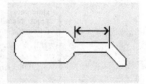

图 11-14　SMD 焊盘与导线拐角间距示意图

在"Rule Classes"列表框中双击"SMD To Corner Constraint"，系统弹出如图 11-15 所示的"SMD To Corner Constraint"设置对话框。

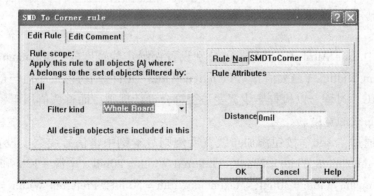

图 11-15　SMD 焊盘与导线拐角的最小间距设置对话框

通常来说，走线时引入拐角会导致电信号的反射，引起信号间的串扰，因此需要限制从焊盘引出电信号与拐角间的距离。用户可以在 Rule Attributes 区域的"distance"编辑框中进行设置，默认的间距为 0mil。

（9）SMD To Plane Constraint。SMD 焊盘与电源层过孔最小间距限制规则设置。该规则用于设置 SMD 焊盘到电源层过孔之间的最短布线长度。在"Rule Classes"列表框中双击"SMD To Plane Constraint"，系统弹出如图 11-16 所示的"SMD To Plane Constraint"设置对话框。

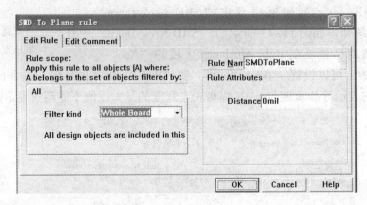

图 11-16　SMD 焊盘与电源层过孔最小间距设置对话框

（10）Width Constraint。走线宽度规则设置。该规则用于设置布线时导线宽度的最大值与最小值。在"Rule Classes"列表框中选择"Width Constraint"，单击"Properties..."按钮，系统弹出如图 11-17 所示的走线宽度设置对话框。

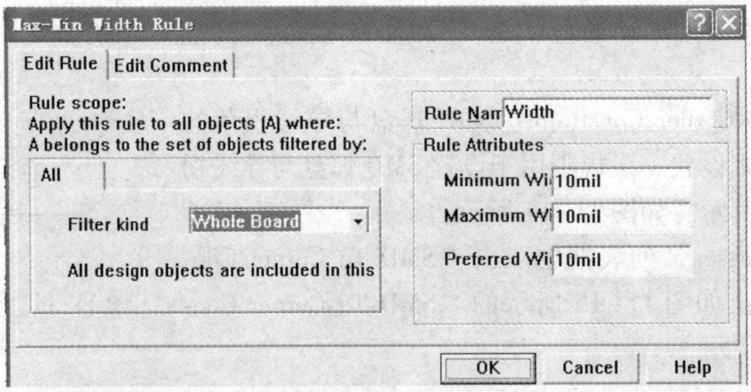

图 11-17　导线布线宽度属性设置对话框

该对话框中 Rule Attributes 区域，可分别设置铜膜走线宽度的"Minimum Width"（最小值）、"Maximum Width"（最大值）、"Preferred Width"（首选值）。最小值与最大值用于在线电气测试（DRC）过程，以检查导线宽度是否符合设计规则。而首选值用于手工和自动布线过程，是实际布线的宽度。

用户可以通过"Add"按钮添加布线宽度规则。本例中将信号线宽度设置为：Minimum Width = 20mil、Maximum Width = 20mil、Preferred Width = 20mil。电源 + 12V 和 GND 网络的宽度设置为：Minimum Width = 30mil，Maximum Width = 50mil，Preferred Width = 50mil。结果如图 11-18 所示。

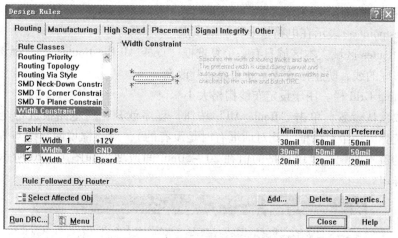

图 11-18　导线宽度设置规则

## 11.2　任务 43　元件的自动布线

布线规则设置好后，就可以开始自动布线了。

执行 "Auto Route"/"All" 菜单命令，系统弹出图 11-19 所示的自动布线设置对话框。

对话框的各项含义如下：

（1）Router Passes 区域。

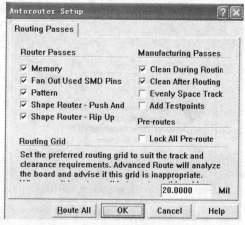

- Memory：此项表示如果电路中存在存储器元件，则在布线过程中一直关心这些元件的放置位置与定位方式，对存储器的走线方式进行最佳评估，对存储器的数据线与地址线采用平行走线方式。这种布线方式采用启发式和探索式布线算法。

- Fan Out Used SMD Pins：本项是针对 SMD 元件的扇出布线程序，当 SMD 元件跨越不同工作层时，程序将自动从焊点引出

图 11-19　自动布线设置对话框

一小段导线，然后通过过孔与其他工作层连接。对于电路板上扇出失败的地方，将以一个内含小 "×" 的黄色圆圈指示。此方式也是采用启发式和探索式布线算法。

- Pattern：表示采用拓扑结构算法进行布线。

- Shape Route-Push And Shove：此项表示布线过程中采用推挤操作，以避开不在同一网络中的焊盘和过孔。

- Shape Route-Rip Up：当电路板上存在着走线间距冲突时，图面上将以绿色的小圆圈指示。选择该项可以重新布线以消除间距冲突。

（2）Manufacturing Passes 区域。

- Clean Up During Routing：表示布线期间对电路板进行清理。

- Clean After Routing：表示布线过后对电路板进行清理。

- Evenly Space Tracks：表示当导线穿过集成电路芯片相邻两个焊盘之间时，使导线均匀

颁布两焊盘中间。

- Add Testpoints：表示在电路板上增加测试点。

（3）Pre-Routes 区域。本区域只有一个复选框"Lock All Pre-Routes"，选择该项表示保护所有的预先布好的线，防止修改或重新布线将其改变。

（4）Routing Grid 栏。用于设定布线栅格大小。

本例采取默认设置，单击"Route All"按钮，程序就开始对电路板进行全局自动布线了。此时系统弹出一个对话框（此对话框有时是没有的），对话框说明导线与焊盘间的安全距离与栅格的值不匹配，建议栅格的值在 20～50mil 间改变，如图 11-20 所示。单击"是（Y）"按钮确定。

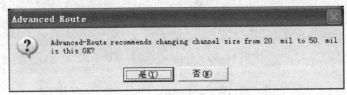

图 11-20　栅格值自动更改确认对话框

接着系统又弹出自动布线消息对话框，如图 11-21 所示。消息说明电路导线布通率为 100%，共 16 条走线，没有布线的走线 0 条，布线用时仅 1 秒钟不到，单击"OK"按钮确定。自动布线结果如图 11-22 所示。

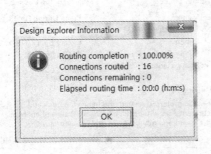

图 11-21　布线消息对话框

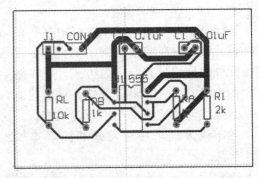

图 11-22　自动布线后的 PCB 图

## 11.3　任务 44　元件的半自动布线与手工布线

### 1. 元件的半自动布线

在"Auto Route 自动布线"菜单下还有几种半自动布线命令，如图 11-23 所示。

在实际应用中，完全的自动布线产生的结果往往不能满足用户的要求，此时，用户可以通过半自动布线来实现布线要求。假设在本例中，我们对线路板的布线次序是：所有网络为 VCC 网络→GND 网络→元件 U1→其他。那么半自动布线的步骤是：

（1）执行"Auto route"→"Net"菜单命令，光标变为十字形状，单击 U1 的第 8 脚，即选中 VCC 网络，弹出如图 11-24 所示的菜单。

（2）选择"Connection（VCC）"项，开始对 VCC 网络进行自动布线，结果如图 11-25 所示。

（3）选择"Connection（GND）"项，开始对 GND 网络进行自动布线，结果如图 11-26 所示。

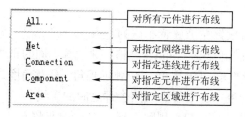

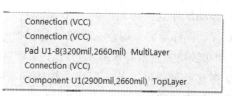

图 11-23　其他几种布线命令　　　　　图 11-24　选择网络布线菜单

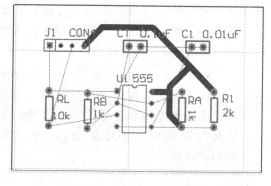

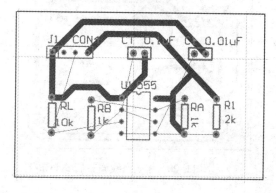

图 11-25　对网络 VCC 布线　　　　　图 11-26　对网络 GND 布线

（4）执行"Auto route"→"Component"菜单命令，光标变为十字形状，单击元件 U1，开始对 555 元件自动布线，然后单击鼠标右键退出对指定元件布线的命令状态，结果如图11-27 所示。

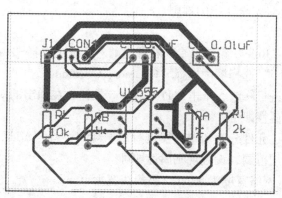

图 11-27　元件布线结果

（5）执行"Auto route"→"Connection"菜单命令，光标变为十字形状，观察电路中是否还有未布线的飞线，若有，则依次点击电路中没有布线的导线，完成布线工作。

**2. 手工布线与调整**

自动和半自动布线完成以后，最终的 PCB 图不一定能满足人们的设计要求，设计人员需要根据设计经验和电路的性能要求用手工方式进行反复修改与调整。

（1）手工布线调整。对于元件数量较少的电路来说，设计者也可以采用手工布线来完成设计，手工布线调整步骤如下：

① 单击布线工具栏上的 图标或执行"Place"→"Interactive Routing"菜单命令，光标变为十字形状。

② 移动鼠标到目标元件的一个焊盘上，单击鼠标左键放置布线的起点。

③ 移动鼠标至终点焊盘，在移动过程中可通过组合键"Shift+空格"来选择不同的布线模式。手动布线模式主要有5种：45°拐角、45°弧形拐角、90°拐角、90°弧形拐角、任意角度。

④ 在移动过程可以单击鼠标左键确定布线的控点，最后完成两个焊之间的布线。

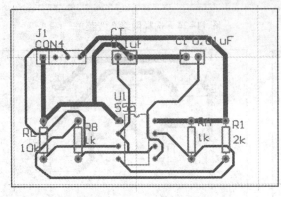

图 11-28　手工布线调整后的 PCB 图

（2）删除布线。在手动调整布线时，往往要删除已经布好的连线，然后再重新手动绘制。如果单击选中导线后再按"Delete"键删除，工作量比较大，现介绍一种快速的布线删除方法。

执行"Tools"→"Un-Route"菜单命令，在弹出的下拉菜单选择相应命令可以快速地删除布线。对图 11-27 中所示的布线删除后重新手工布线，结果如图 11-28 所示。

## 11.4　任务45　技能训练

（1）绘制图 11-29 所示的原理图电路。

（2）绘制图 11-29 所示原理图的 PCB 图，要求设置如下规则。

① 设置器件之间允许安全距离的规则。

操作提示：

● 执行"Design"→"Rule"菜单命令，在弹出的对话框中选择"Rounting"选项卡。

● 在"Rules Classess"选择框中选择"Clearance Constraint"。

● 若是对现有规则进行修改，单击"Properties"按钮，在弹出的对话框中选择规则适用范围，设置规则属性即可。

● 若是对某些网络、元件分类和布线层进行新增规则，就"Add"按钮，在弹出的对话框中选择规则适用范围，设置规则属性即可。

② 设置电源和地线网络宽度为 50mil，整板线宽为 10mil

操作提示：

● 进入 PCB 编辑环境后，执行"Design"→"Rule"菜单命令，在弹出的对话框中选择"Rounting"选项卡。

● 在"Rules Classess"选择框中选择"Width Constraint"。

● 单击"Add"按钮，弹出如图 11-30 所示的对话框，在"Filter Kind"下拉列表框选择"Net"选项。

● 在下面的"Net"下拉列表框中选择网络"GND"，然后在右边的"Rule Attributes"区域设置电源地的线宽，"Minimum Width"（最小线宽）、"Maximum Width"（最大线宽）、"Preferred Width"（优选线宽）均设置为 50mil，结果如图 11-31 所示。

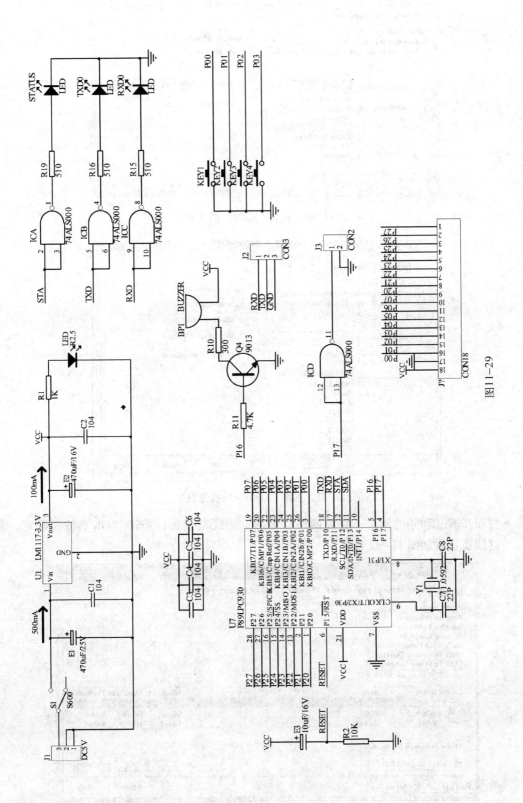

图11-29

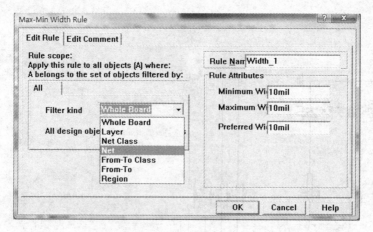

图 11-30　网络"GND"的选择

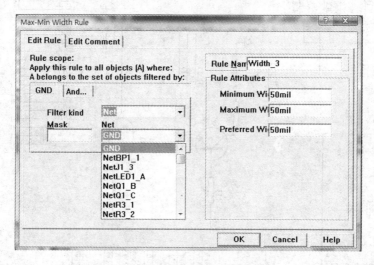

图 11-31　网络"GND"的线宽设置

- 按照步骤③和④的操作，完成网络"VCC"的线宽设置，单击"OK"按钮确定，最终线宽设置如图 11-32 所示。

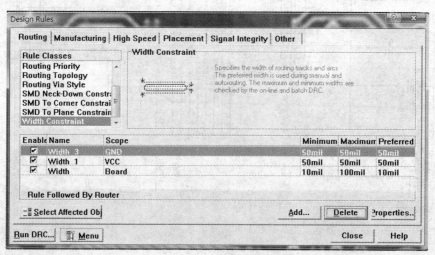

图 11-32　布线线宽设置

- 最后单击"Close"按钮确定，完成布线线宽的设置。

（3）对 PCB 文件布局与布线按如下要求进行设置。

① 布局要求如图 11-33 所示。

② 双面板布线，要求先手工对电源和地网络布线，然后再自动布线并进行手工调整。

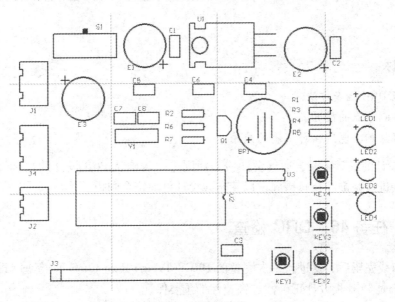

图 11-33　PCB 布局图示

# 实训 12　PCB 设计之后期处理

## 学习目标

（1）掌握 DRC 检查方法。

（2）掌握测试点的设置。

（3）掌握敷铜、包地和补泪滴的应用。

在 PCB 设计的最后阶段，通过设计检查规则进一步确认 PCB 设计的正确性。有时需要进一步对走线进行修饰和补救措施，以使布线设计更加符合制板工艺。

## 12.1　任务 46　DRC 检查

电路板布线完毕后，要进行一次完整的 DRC（Design Rule Check）检查，即设计规则检查。DRC 检查是 PCB 板设计正确性与完整性的重要保证。

执行"Tools"→"Design Rule Check"菜单命令，弹出如图 12-1 所示的"Design Rule Check"对话框，该对话框的左侧是进行 DRC 检查的内容选项列表，右侧是选项的具体内容。设计规则的检查有两种方式，一是产生检查后的报表；二是在线对 PCB 设计进行校验，如导线宽度、安全距离、元件间距等有无违背已经设置的布线规则。下面对各选项给以说明。

图 12-1　"Design Rule Check"对话框的 Report 选项卡

### 1. Report（报表）选项卡

（1）Routing Rules。布线规则选项区域。用于设置检查一般性的设计规则，包括以下几项：

- Clearance Constraints：安全间距检查。
- Max/Min Width Constraints：导线宽度检查。
- Short Circuit Constraints：短路检查。
- Un-Routed Net constraints：对没有完成布线的网络进行检查。

（2）Manufacturing Rules。电路制造规则选项区域。用于指定检查与制作电路板有关的设置，包括以下几项：

- Max/Min Hole Size：打孔尺寸检查。
- Layer Pairs：层对规则检查。
- TestPoint Usage：测试点用法检查。
- TestPoint Style：测试点风格检查。

（3）High Speed Rules。高频规则选项区域。用于设置对调频规则进行检查，一般情况下其选项呈不活动状态。

（4）Options。选项区域。包括以下几项：

- Create Report file：创建报表文件。
- Create Violations：电路板里若有违反规则的地方，用高亮度绿色表示出来。
- Sub-Net Details：对设置的子网络一起检查。
- Internal Plane Warnings：对多层板的内电层中的错误进行警告。

## 2. On-line（在线检查）选项

单击 On-line 选项卡，进入如图 12-2 所示的在线检查界面，可以对设计规则检查进行在线设置。On-line 选项卡的选项内容与 Report 的选项内容是一样的，可以进行同样的设置，这对手工布线是非常有用的，在手工布线过程中，可以让 DRC 在后台运行，实时地进行设计中的规则检查，以防止违反设计规则。

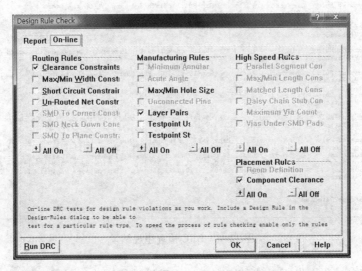

图 12-2　"Design Rule Check" 对话框的 On-line 选项卡

单击 "OK" 按钮，即完成的 DRC 设置，但不能运行 DRC，现打开一 PCB 文件，如

图 12-3 所示，在进行上述设置之后，单击对话框中的左下角"Run DRC"按钮，检查结果如图 12-4 所示。

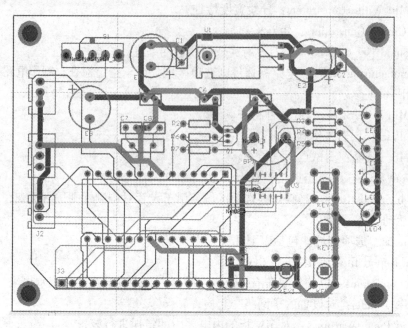

图 12-3　PCB 示例文件

Control.ddb | Document | Control.prj | demo.PCB | demo.Sch | demo.DRC

```
Protel Design System Design Rule Check
PCB File    Document\demo.PCB
Date        5-May-2009
Time        21:31:02

Processing Rule : Width Constraint (Min=50mil) (Max=50mil) (Prefered=50mil) (Is on net VCC )
    Violation        Track (2600mil,1060mil)(2600mil,1160mil)  TopLayer  Actual Width = 15mil
Rule Violations :1

Processing Rule : Clearance Constraint (Gap=30mil) (Is a Polygon ),(On the board )
Rule Violations :0

Processing Rule : Hole Size Constraint (Min=1mil) (Max=200mil) (On the board )
Rule Violations :0

Processing Rule : Width Constraint (Min=10mil) (Max=100mil) (Prefered=10mil) (On the board )
Rule Violations :0

Processing Rule : Clearance Constraint (Gap=10mil) (On the board ),(On the board )
Rule Violations :0

Processing Rule : Broken-Net Constraint ( (On the board ) )
Rule Violations :0

Processing Rule : Short-Circuit Constraint (Allowed=Not Allowed) (On the board ),(On the board )
Rule Violations :0

Processing Rule : Width Constraint (Min=50mil) (Max=50mil) (Prefered=50mil) (Is on net GND )
    Violation        Track (2300mil,1260mil)(2300mil,1370mil)  TopLayer     Actual Width = 15mil
    Violation        Track (2200mil,1470mil)(2300mil,1370mil)  TopLayer     Actual Width = 15mil
    Violation        Track (2040mil,1660mil)(2120mil,1660mil)  BottomLayer  Actual Width = 25mil
    Violation        Track (1980mil,1660mil)(2040mil,1660mil)  BottomLayer  Actual Width = 25mil
Rule Violations :4


Violations Detected : 5
Time Elapsed        : 00:00:01
```

图 12-4　DRC 检查违规结果

在检查报表中，我们发现导线宽度有五处违反设计规则，一处是 VCC，四处是 GND，原因是在设置电源和地网络的线宽时，将最小线宽设置的太大，现将两个网络的最小线宽改为 20mil，再次运行 DRC 检查，结果如图 12-5 所示。

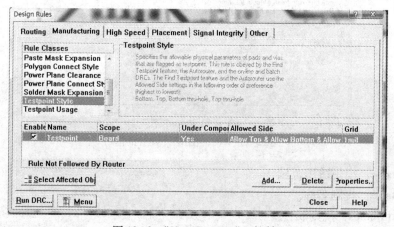

```
Control.ddb | Document | Control.prj | 📄 demo.PCB | 📄 demo.DRC
Protel Design System Design Rule Check
PCB File : Document\demo.PCB
Date   : 5-May-2009
Time   : 21:51:06

Processing Rule : Clearance Constraint (Gap=30mil) (Is a Polygon  ),(On the board )
Rule Violations :0

Processing Rule : Hole Size Constraint (Min=1mil) (Max=200mil) (On the board )
Rule Violations :0

Processing Rule : Width Constraint (Min=10mil) (Max=100mil) (Prefered=10mil) (On the board )
Rule Violations :0

Processing Rule : Clearance Constraint (Gap=10mil) (On the board ),(On the board )
Rule Violations :0

Processing Rule : Broken-Net Constraint ( (On the board ) )
Rule Violations :0

Processing Rule : Short-Circuit Constraint (Allowed=Not Allowed) (On the board ),(On the board )
Rule Violations :0

Processing Rule : Width Constraint (Min=20mil) (Max=50mil) (Prefered=50mil) (Is on net GND )
Rule Violations :0

Processing Rule : Width Constraint (Min=20mil) (Max=50mil) (Prefered=50mil) (Is on net VCC )
Rule Violations :0


Violations Detected : 0
Time Elapsed      : 00:00:00
```

图 12-5  DRC 检查结果正确

## 12.2  任务47  设置测试点

为了便于在调试电路时方便测试，用户可在 PCB 文件中设置测试点，方法如下。

### 1. 设置测试点测试规则

（1）执行 "Design" → "Rules" 菜单命令，弹出如图 12-6 所示的对话框。

图 12-6  "Manufacturing" 对话框

（2）选择 "Testpoint Style" 选项，单击 "Properties" 按钮，进入测试点类型设置对话框，如图 12-7 所示。在 "Edit Rule" 选项卡中有六个选项区域，各项意义如下：

- Rule scope：规则适用范围。
- Rule Name：规则名称。
- Rule Attributes：规则属性。
- Allow testpoint under component：允许在元件下放置测试点。
- Style：测试点风格，用于定义铜膜尺寸和钻孔内径的大小。
- Allowed Side：测试点的形式，Top 为顶层 SMD 焊点形式，Bottom 为底层 SMD 焊点形式，Thru-Hole Top 为顶层穿透式钻孔，Thru-Hole Bottom 为底层穿透式钻孔。

● Grid Size：格点单位，在文本框中可设置测试点的格点单位。

（3）本例中采用系统默认设置。单击"OK"按钮确定回到图 12-6 中。

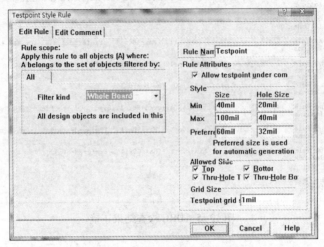

图 12-7　测试点类型设置对话框

（4）选择"Testpoint Usage"选项，单击"Properties"按钮，进入测试点用法设置对话框，如图 12-8 所示。在"Edit Rule"选项卡中也有六个选项区域，各项意义如下：

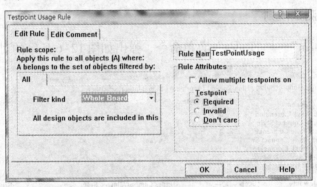

图 12-8　测试点用法设置对话框

● Rule scope：规则适用范围。
● Rule Name：规则名称。
● Rule Attributes：规则属性。
● Allow multiple testpoint on same net：允许在同一个网络上放置多个测试点。
● Testpoint：设置测试点的有效性，其中有三个单选框，"Required"表示适用范围内的每一条网络走线都必须生成测试点；"Invalid"表示适用范围内的每一条网络走线都不可以生成测试点；"Required"表示适用范围内的每一条网络走线可以生成测试点，也可以不生成测试点。

（5）本例采取默认设置，单击"OK"按钮确定。

## 2. 创建测试点

测试创建有以下几种方法。

方法一：自动搜索并创建测试点。

（1）执行"Tools"→"Find and Set Testpoints"菜单命令，系统弹出如图12-9所示的信息对话框。该对话框表明系统将为电路板中的42条网络走线搜索并创建测试点。

（2）单击"Yes"按钮确定，系统给出提示信息，如图12-10所示。信息表明系统将试图创建42个测试点；创建9个过孔测试点；创建32个焊盘测试点。

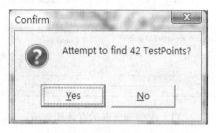

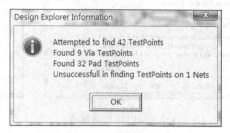

图12-9　确认对话框　　　　　　　　图12-10　创建测试点提示信息

（3）单击"OK"按钮确定，可以看到生成的测试点如图12-11所示。图中已自动创建了42个测试点，箭头指向处进行了局部放大，可以看到每个焊盘的文字信息，表明该焊盘测试点的层属性。

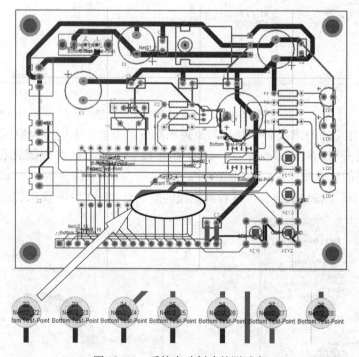

图12-11　系统自动创建的测试点

方法二：布线时自动生成测试点。执行"Auto Route"→"All"菜单命令进行自动布线时，系统弹出如图12-12所示的对话框，在"Manufacturing"区域中选择"Add Testpoints"复选项，然后单击"Route All"按钮，系统也会生成测试点。

方法三：手动创建测试点。

（1）首先设置测试点规则。执行"Design"→"Rules"菜单命令，在弹出的对话框中设置测试点的类型采取系统默认设置，在对话框中将测试点的有效性改为"Don't Care"，如图12-13所示。

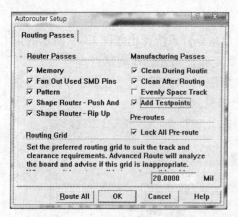

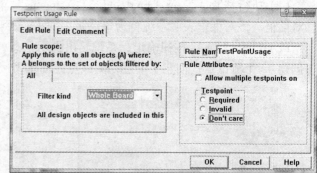

图 12-12　自动布线时添加测试点　　　　　图 12-13　改变测试点的有效性选项

（2）手动创建测试点。如果用户希望在某些位置设置测试点，如图 12-14 中所示的 TP1 和 TP2 两个测试点位置。

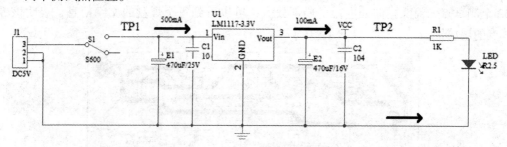

图 12-14　手工创建测试点的位置

（3）切换到相应的 PCB 文件，找到与原理图对应的节点，本例中为稳压电源 U1 的 1 脚和 3 脚位置。双击 U1 的 1 脚的焊盘，弹出如图 12-15 所示的焊盘属性设置对话框，将 "Testpoint" 后面的复选框 "Top"、"Bottom" 选中。

（4）单击 "OK" 按钮确定，可以看到生成的测试点如图 12-16 所示。

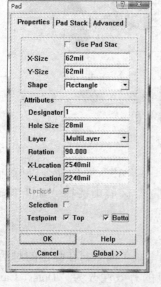

图 12-15　创建测试点

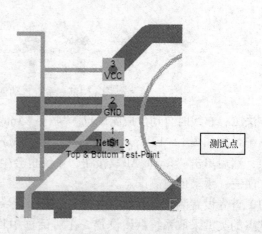

图 12-16　手工创建测试点

## 12.3 任务48 放置敷铜、包地和泪滴

### 1. 放置敷铜

敷铜就是在电路板上没有布线的地方铺设铜膜。在印制电路板上如果有较大的空白处没有布线，要尽量用敷铜方法来填充。

执行"Place"→"Polygon Plane"命令或单击工具栏上的 图标按钮，弹出如图12-17所示的对话框，对话框中有5个区域，分别说明如下：

（1）Net Options（网络选项）。本区域用于设置敷铜与网络之间的关系。各项含义是：

- Connect to Net：在本项的下拉列表框中敷铜中所要连接的网络名称。如果选择No Net，则下面两项就不起作用了。
- Pour Over Same Net：选中此项表示在敷铜时如果遇到相同网络走线，则直接覆盖导线。如图12-18所示。

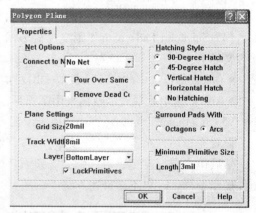

图12-17 敷铜属性设置对话框

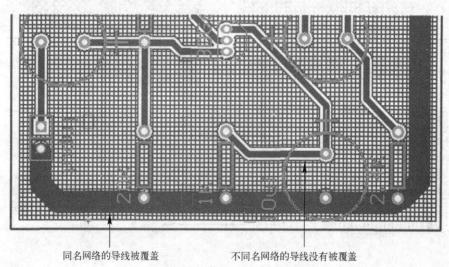

同名网络的导线被覆盖　　　　　不同名网络的导线没有被覆盖

图12-18 选中"Pour Over Same Net"项

- Remove Dead Copper：选中此项表示删除死铜。死铜是指在敷铜之后，与网络没有连接的部分敷铜。

（2）Place setting（敷铜放置设置）。本区域用于敷铜的栅格间距与所在板层。各项含义如下：

- Grid Size：用于设置敷铜的栅格间距。
- Track Width：用于设置敷铜的线宽。如果线宽大于栅格间距，则敷铜片就是整块铜膜。
- Layer：用于设置敷铜的板层。

- LockPrimitives：选中此项表示放置的是敷铜，若不选择此项，则放置的是导线。两种设置在电路板外观上是一样的，工作上也没有分别，不过通常要选中此项。

（3）Hatching Style（敷铜样式设置）。此项用于设置敷铜样式，各项含义如下：

- 90-Degree Hatch：此项表示采用90°网络线敷铜，如图12-19（a）所示。
- 45-Degree Hatch：此项表示采用45°网络线敷铜，如图12-19（b）所示。
- Vertical Hatch：此项表示采用垂直网络线敷铜，如图12-19（c）所示。
- Horizontal Hatch：此项表示采用水平网络线敷铜，如图12-19（d）所示。
- No Hatch：此项表示采用透空的敷铜，如图12-19（e）所示。

（4）Surround Pads With（围绕焊盘形状）。此项用于设置铜膜与焊盘间的围绕方法。各项含义如下：

- Octagons：选中此项表示敷铜采用八角形围绕焊盘。
- Arcs：选中此项表示敷铜采用圆弧形围绕焊盘。

（5）minimum Primitives Size。用于设置敷铜的最短长度。

设置完毕后，单击"OK"按钮，进入敷铜命令状态，按照多边形的绘制方法绘制敷铜区，然后单击鼠标左键确定，就会看到铜膜线填充的多边形敷铜区。敷铜的属性编辑与其他图件操作一样，这里不再赘述。

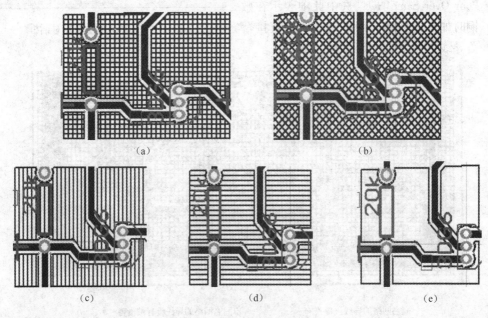

图 12-19　敷铜的样式

## 2. 包地

包线就是将选取的铜膜线和焊盘用铜膜线包围起来，默认的包线没有网络名称，如果把包线接地，就把这种做法叫做"包地"，这样可以防止干扰。

下面以图12-20为例来说明包地的应用。步骤如下：

（1）单击工具栏上的图标按钮，在示例图上选中需要包线的导线，注意一定要将导线两端的焊盘选中，选中区域高亮显示，如图12-21所示。

（2）执行"Tools"→"Outline Objectsq"菜单命令，选中的导线外围添加了包线，如

图 12-22 所示。

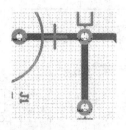
图 12-20 示例电路

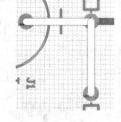
图12-21 选中导线

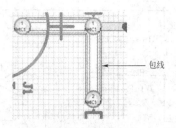
图 12-22 包线的产生

（3）双击包线，弹出包线参数设置对话框，将包线的网络设置为"GND"，如图 12-23 所示，这样才使包线与接地网络连接起来。

### 3. 补泪滴

补泪滴就是使导线与焊盘的连接处成为泪滴状。补泪滴是为了加强导线与焊盘之间的连接，防止在钻孔加工时因应力集中而使导线与焊盘的连接处断裂。具体操作步骤是：

（1）执行"Tools"→"Teardrops"→"Add"命令，系统弹出如图 12-24 所示的补泪滴属性对话框。

（2）在"Teardrops Style"（泪滴形状）区域中选择泪滴形状，然后单击"OK"按钮，执行结果如图 12-25 所示。

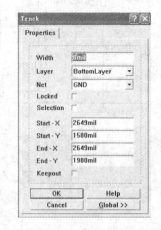
图 12-23 包线参数设置对话框

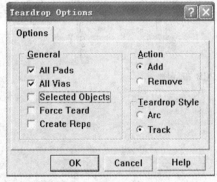
图 12-24 补泪滴属性对话框

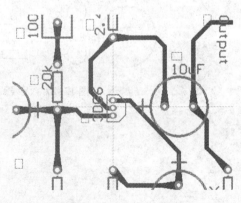
图 12-25 补泪滴效果图

## 12.4 任务49 技能训练

图 12-26 是无线调频话筒的原理图，请按图 12-27 的元件布局绘制 PCB 图，然后进行以下操作：

（1）进行 DRC 检查，保证没有错误。

（2）图 12-26 中有四个测试点，请在 PCB 图手工放置测试点。

（3）对地网络进行覆实铜。

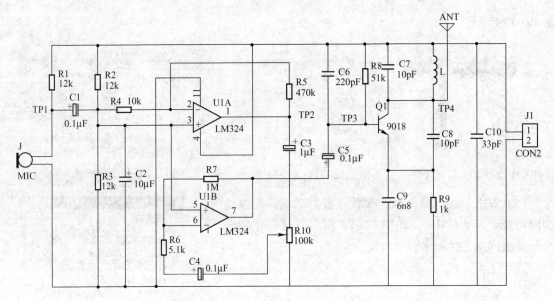

图 12-26 无线调频话筒电路原理图

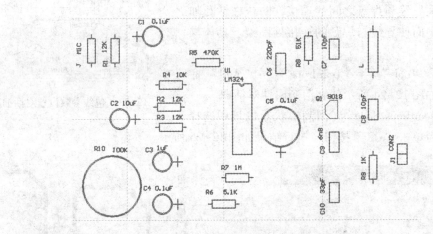

图 12-27 无线调频话筒 PCB 布局图

# 实训 13    PCB 元件封装及制作

**学习目标**

（1）了解元件封装的分类。

（2）掌握电路板设计中元件封装的概念与作用。

（3）掌握启动元件封装编辑器的方法。

（4）掌握 PCB 设计环境参数的设置。

（5）熟悉绘制工具栏图标按钮的含义。

（6）掌握创建元件封装的方法。

元件的封装在电路板上通常表现为一组焊盘、丝印层上的文字和元件的轮廓。焊盘是封装中最重要的组成部分，用于连接各元器件的引脚，并通过导线与其他焊盘进行连接，从而与焊盘所对应的元器件引脚相连，完成电路板的功能。丝印层上的元件轮廓和说明文字起着指示作用，指明焊盘元件，方便印制电路板的焊接。

在设计印制电路板之前，必须明确原理图中各个元件的封装，大部分元件的封装在 Protel 99 SE 自带的 PCB 元件库中都可以找到。但是，由于新的元件不断涌现，总有一些元件的封装是无法找到的，这就需要用户自行设计元件的封装。Protel 99 SE 中的 PCB 元件封装编辑器具有强大的封装绘制功能，能够绘制各种各样的新封装。

## 13.1    任务 50    常用封装介绍

元件的封装技术主要有两类：插入式封装技术（Through Hole Technology，THT）和表贴式封装技术（Surface Mounted Technology，SMT），这两种封装技术所对弈的元件分别称为针脚式元件（Through Hole Device，THD）和表贴式元件（Surface Mounted Device，SMD）。

插入式元件在安装时，元件安装在电路板的一面，元件的引脚穿过焊盘焊接在电路板的另一面。表贴式元件在安装时，引脚焊盘与元件在电路板的同一面上，焊接时不需要为焊盘钻孔，电路板的两面均可焊接元件。

### 1. 针脚式元件的封装

常用针脚式元件的的封装主要在 "Library \ PCB \ Generic Footprints \ miscellaneous. ddb" 数据库中的 "miscellaneous. lib" 封装库中，在另外一个数据库 "Library \ PCB \ Generic Footprints \ Advpcb. ddb" 中的 "PCB footprints. lib" 的封装库中也包含了多数针脚式元件的封装。

（1）电阻的封装。电阻元件的封装在 "PCB footprints. lib" 的封装库中为 AXIAL0. 3 ~ AXIAL1. 0，在 "miscellaneous. lib" 封装库中为 AXIAL-0. 3 ~ AXIAL - 1. 0，电阻外形与封装之间有什么关系呢？图 13-1（a）给出了常用的金属膜电阻外形，对于卧式焊接的电阻，图 13-1（b）所示，电路板上两焊盘之间的距离只要大于 $L_a = l_a + 2 \times A$ 即可，一般要求 $A \geqslant$

2mm。由英制和公制的单位换算可知，$1mil = 0.0254mm$ 或 $1mm \approx 40mil$，若 $L_a \leqslant 10mm = 400mil$，则该电阻的封装就可用图 13-1（c）来表示。

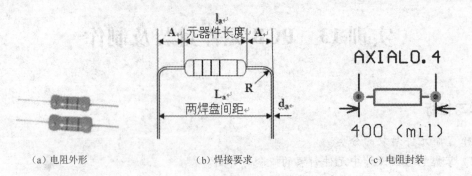

（a）电阻外形　　　　　　　（b）焊接要求　　　　　　　（c）电阻封装

图 13-1　实际电阻与其封装

AXIAL0.4 后面的数字 0.4 表示电阻两个焊盘之间的长为 $0.4 \times 1000 = 400mil \approx 400 \times 0.254mm = 10.16mm$，依此类推，其中电阻焊盘距离最大的是 AXIAL1.0，一般情况下功率小的电阻体积也小，长度就较短，封装形式的后缀数字也就较小。

（2）电位器的封装。Protel 99 SE 中给出了电位器的封装有 5 种形式，如图 13-2 所示。

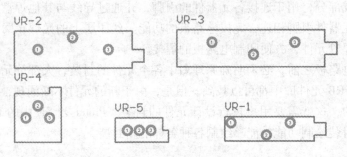

图 13-2　电位器的封装

实际电位器形式有如图 13-3（a）两种形式，对于 RES4 来说，上面 5 种封装皆可以满足，而对于 POT2 来说，其中心抽头是 3 脚，实际电位器如图 13-3（b）中心抽头也是 3 脚，但是上面的 5 种封装中心抽头皆为 2 脚，这就需要对 Protel 99 SE 中电位器封装的 2 脚与 3 脚对调一下。实际应用中一般要实测引脚间的实际距离，然后创建电位器的封装。关于元件的封装创建将在下一节介绍。

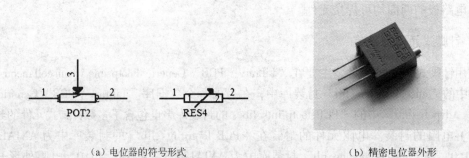

（a）电位器的符号形式　　　　　　　　　　　　（b）精密电位器外形

图 13-3　电位器的封装处理

（3）电容的封装。电容分无极性和有极性两种，"PCB footprints. lib"库中的无极性电容的封装形式有4种，如图13-4所示，其定义与电阻一样，这里不再赘述。

图13-4　无极性电容的封装

有极性电容封装如图13-5所示，其中 RB. X/. Y 中的 . X 表示极性电容的两焊盘距离，即与实际电容的两引脚距离 $d$ 相等，. Y 表示极性电容的圆柱外径 $D$，如图13-6所示，一般 $D = 2d$。

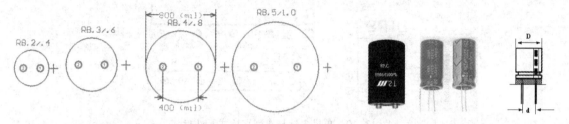

图13-5　极性电容的封装　　　　　　　　图13-6　极性电容的封装

（4）二极管的封装。二极管的封装有两种，如图13-7所示，其中"A"表示正极，"K"表示负极。但是由于二极管的原理图中正极用引脚1表示，负极用引脚号2表示，如图13-8所示，这样就会在 PCB 中调用二极管时出错，与电位器一样，需要修改二极管的封装。

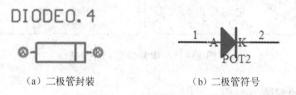

（a）二极管封装　　　　　　　　（b）二极管符号

图13-7　二极管的封装与符号

（5）三极管和场效应管的封装。三极管和场效应管的封装如图13-8所示，但三极管的引脚有按 E、B、C 排列的，也有按 E、C、B 排列的，所以在使用中也存在与二极管同样的问题，这要引起注意。

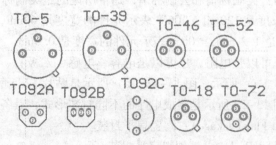

图13-8　三极管和场效应管的封装

（6）其他元件的封装。在 Protel 99 SE 中，还有一些常用元件的封装，分别如图13-9、图13-10、图13-11所示。

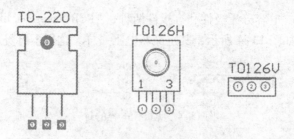

图 13-9　三端稳压电源的封装

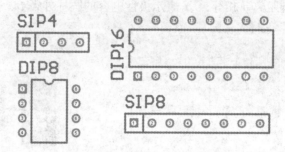

图 13-10　单排多针与双列直插式元件封装

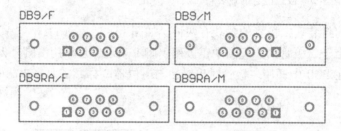

图 13-11　串并口类元件封装

## 2. 表贴式元件的封装

（1）分立元件的贴片封装。在数据库"Library＼PCB＼Generic Footprints＼Advpcb. ddb"中的"PCB footprints. lib"封装库中包含了多数常用表贴式元件的封装。封装名称有 0402、0603、0805、1005、1206、1210、1805 等。表贴元件封装的命名常用其外形尺寸来表示，在国际上通常有两种称谓：英制称谓和公制称谓，通常所说的是英制称谓。如英制称谓的 1206 中"12"表示元件的长度是 120mil，"06"表示元件的宽度是 60mil，如公制称谓的 1206 中"12"表示元件的长度是 1.2 mm，"06"表示元件的宽度是 0.6mm。

以上的封装名称既可以是电阻，也可以是电容、电感、二极管、磁珠等分立元件。库中的贴片封装如图 13-12（a）所示，图 13-12（b）所示是贴片 1206 的外形尺寸标注。

（2）集成芯片。图 13-13 所示是集成电路的不同封装形式，其各项意义如下：

（1）CFP（Ceramic Flat Package）：陶瓷扁平封装。

（2）PFP（Plastic Flat Package）：塑料扁平封装。

（3）QFP（Quad Flat Package）：方形扁平封装。引脚从四个侧面引出呈海鸥翼（L）形。该技术实现的 CPU 芯片引脚之间距离很小，引脚很细，一般大规模或超大规模集成电路采用这种封装形式，其引脚数一般都在 100 以上。

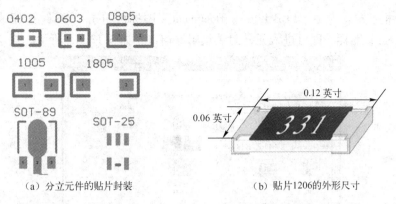

（a）分立元件的贴片封装　　　　　（b）贴片1206的外形尺寸

图13-12　分立贴片元件封装与尺寸

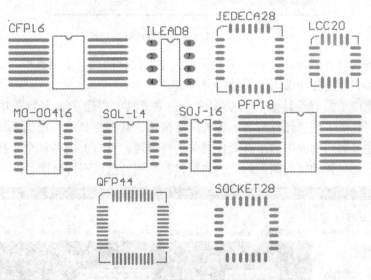

图13-13　集成表贴元件的封装

（4）SOP（Small Outline Package）：小外形尺寸封装。引脚从芯片的两个较长的边引出，引脚的末端向外伸展。

（5）SOJ（Small Out-line J-Leaded Package）：J型引脚小外形封装。引脚从封装两侧引出向下呈J字形。

（6）SOL（Small Out-Line L-leaded PACkage）：L型引脚小外形封装。引脚从封装两侧引出向下呈L字形。

（7）PLCC（Plastic Leaded Chip Carrier）：带引脚塑料芯片载体式封装。引脚从封装的四个侧面呈丁字形引出。

（8）LCC（Leadless Chip carrier）无引脚芯片载体。指陶瓷基板的四个侧面只有电极接触而无引脚的表面贴装型封装。

## 13.2　任务51　元件封装编辑器与工具栏

### 1. 启动元件封装编辑器

在设计数据库环境中，执行"File"→"New..."命令，系统弹出如图13-14所示的编辑器选择对话框。单击选中"PCB Library Document"图标再单击"OK"按钮或双击"PCB Library Document"图标，即可进入元件封装编辑器窗口，如图 13-15 所示。

图 13-14　元件封装编辑器选择对话框

元件封装编辑器界面与 PCB 设计界面类似，主要由标题栏、主工具栏、绘图工具栏、元器件封装管理器、状态栏和编辑界面等部分组成。

主菜单上集中了所有设计编辑与绘图命令，主工具栏提供了大多数菜单命令的图标按钮，绘图工具栏提供了创建元件封装的各种命令按钮，状态栏显示当前的系统状态，元件封装管理器窗口主要对当前库中的所有元件封装进行管理，窗口上的各种命令按钮主要用来编辑元件的封装，其具体功能与前面叙述的各编辑器相似，这里不再赘述。

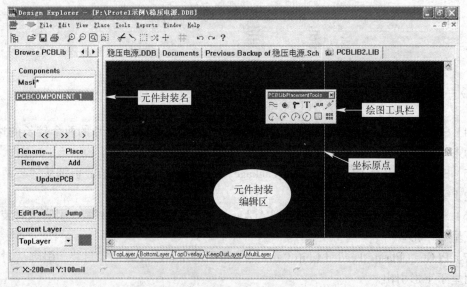

图 13-15　打开元件封装编辑器

## 2. 元件封装环境参数设置

为了方便绘制元件封装和提高电路板设计效率，可以根据要绘制的元件封类型对编辑器环境进行相应的设置。

（1）"Library Options"设置。执行"Tools"→"Library Options..."菜单命令或在工作区中单击鼠标右键，在弹出的快捷菜单中单击"Library..."命令，在系统弹出的对话框中选择"Options"选项卡，具体设置如图 13-16 所示。单击"OK"按钮完成设置。

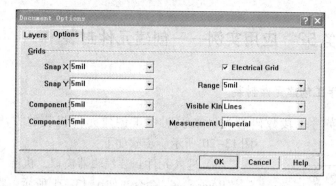

图 13-16 "Document Options"设置对话框

（2）"Preferences"设置。执行"Tools"→"Preferences"菜单命令，系统弹出"Preferences"对话框，切换到"Display"选项卡，选中复选框"Origin Marker"，如图 13-17 所示，其他各项保持默认设置，单击"OK"按钮完成设置。

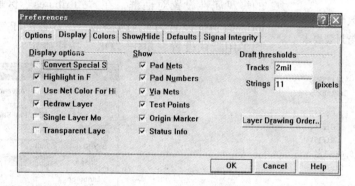

图 13-17 "Preferences"设置对话框

### 3. 工具栏介绍

（1）打开放置工具栏。在绘制元件封装时，就要打开放置工具栏。执行"View"→"Toolbars"→"Placement Tools"菜单命令，即可打开或关闭放置工具栏，如图 13-18 所示。

（2）认识放置工具栏。放置工具栏的各个图标按钮意义如图 13-19 所示。

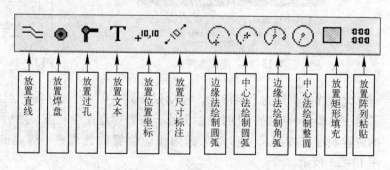

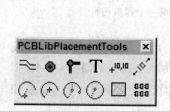

图 13-18 PCB 封装库
放置工具栏

图 13-19 放置工具栏图标按钮的意义

## 13.3 任务52 应用实例——创建元件封装

### 1. 示例一：手工创建元件封装

下面以0.75英寸七段数码管为例来说明手工创建元件封装的方法。数码管尺寸如图13-20所示。步骤如下：

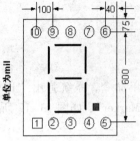

图13-20 数码管引脚与封装要求

（1）进入元件封装编辑器窗口，执行"Edit"→"Jump"→"Reference"命令，如图13-21所示，将光标定位与（0，0）mil参考点，这样将封装的左下角定位在参考点上。

（2）放置焊盘。将工作层切换到"MultiLayer"（多层），单击工具栏上的 ⊚ 图标按钮或执行"Place"→"Pad"命令，光标变为十字形状，按下Tab键，弹出如图13-22所示的焊盘属性设置对话框。在"Attributes"区域中将"Desgnator"编辑框设置为1，即将第一个焊盘的序号设置为1，其他均采用默认设置，单击"OK"按钮确定。

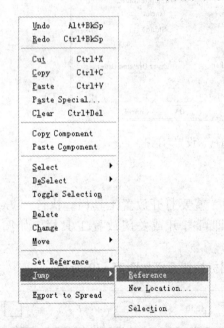

图13-21 定位参考点

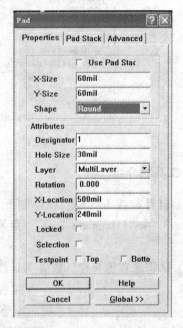

图13-22 第一个焊盘属性设置

此时光标仍然为十字形状，移动鼠标到（0，0）mil参考点，单击鼠标左键确定，完成了第一个焊盘的放置。此时光标仍处于放置焊盘命令状态，然后按照2脚、3脚、……10脚的放置顺序，按照尺寸移动光标到相应位置放置焊盘，焊盘的序号会自动增加，效果如图13-23所示。

（3）放置完10个焊盘之后，双击焊盘1，在弹出的对话框中将焊盘的形状由"Round"（圆形）改为"Rectangle"（矩形）。

（4）放置元件轮廓。将工作层切换到"TopOverlay"（丝印层），单击工具栏上的 ≋ 图标按钮或执行"Place"→"Track"命令，光标变为十字形状，根据计算，在焊盘外围放置好数码管的轮廓，内部"8"字形状可根据整体情况自行放置。

（5）单击工具栏上的□图标按钮或执行"Place"→"Fill"命令，光标变为十字形状，移动光标到数码管的右下角拖动一个小数点的形状。最终效果如图 13-24 所示。

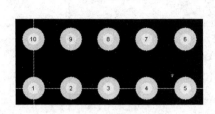

图 13-23　焊盘的放置

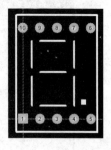

图 13-24　数码管轮廓放置

（6）元件重命名。单击元件封装浏览器窗口中的 Rename... 按钮或执行"Tools"→"Rename Component"命令，系统弹出元件重命名对话框，如图 13-25 所示，在编辑框中将元件封装命名为"7SEGDP"。

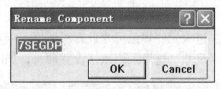

图 13-25　元件封装重命名

（7）保存文件。

### 2．利用向导创建元件封装

利用向导封装可以很容易创建具有通用标准元件的封装，也可以灵活运用向导创建不规则元件的封装，下面以串口插件 DB9 的封装为例来介绍向导创建元件封装的方法，具体步骤如下：

（1）执行"Tools"→"New component/"命令或单击元件封装浏览器窗口中的 Add 按钮，系统弹出如图 13-26 所示的元件封装创建向导对话框。

图 13-26　元件封装创建向导

（2）单击"Next"按钮，进入元件封装类型选择对话框，拖动列表框右侧的滚动条，选择元件封装类型为"Dual in-line Pakage"（双列直插封装），右下角的长度单位一般默认为Imperial（英制）单位，如图13-27所示。

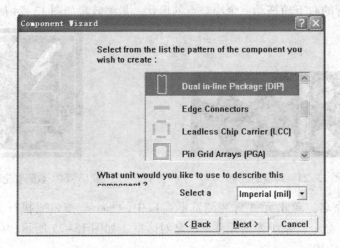

图13-27　元件封装类型选择对话框

（3）单击"Next"按钮，进入元件焊盘尺寸设置对话框，单击图中尺寸数值，相应位置变为蓝色，可以直接编辑焊盘尺寸。这里采用默认设置即可，如图13-28所示。

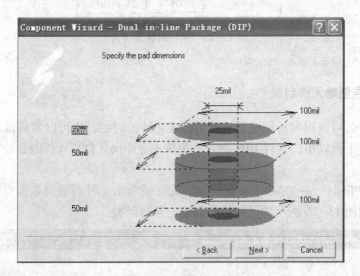

图13-28　焊盘尺寸设置

（4）单击"Next"按钮，进入焊盘间距设置对话框。这里修改焊盘水平间隔为110mil，垂直间隔也为110mil，如图13-29所示。

（5）单击"Next"按钮，进入元件线宽设置对话框。这里采用默认设置，如图13-30所示。

（6）单击"Next"按钮，进入元件引脚数目设置对话框。将引脚数设置为10，如图13-31所示。

（7）单击"Next"按钮，进入元件封装名称设置对话框，如图13-32所示。

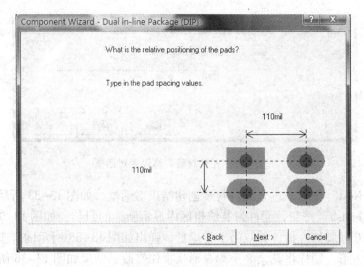

图 13-29 焊盘间距设置对话框

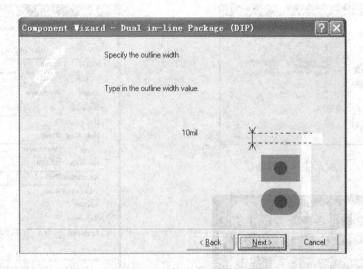

图 13-30 元件线宽设置对话框

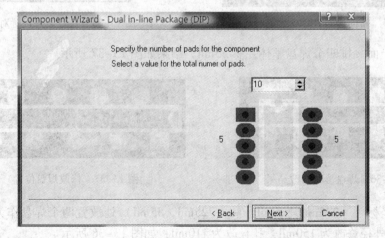

图 13-31 元件引脚数目设置对话框

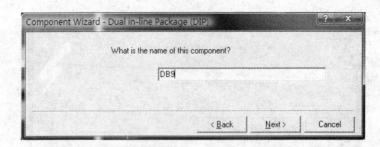

图 13-32　元件封装名称设置对话框

（8）单击"Next"按钮，进入元件封装创建结束对话框，如图 13-33 所示。

（9）单击"Finish"按钮，元件封装编辑区中显示新建的封装，如图 13-34 所示。

（10）删除 10 号脚的焊盘，并双击 1 号焊盘，弹出如图 13-35 所示的焊盘属性设置对话框，将焊盘改为方形，同样将其余 8 个焊盘形状也作修改，结果如图 13-36 所示。

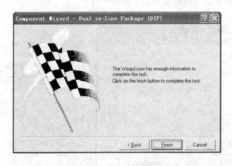

图 13-33　完成元件封装的创建

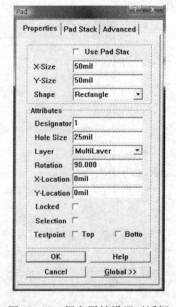

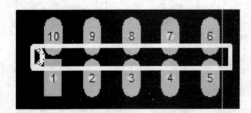

图 13-34　新创建的 DIP10 封装形式

图 13-35　焊盘属性设置对话框

（11）将上面一排四个焊盘整体左移 55mil，结果如图 13-37 所示。

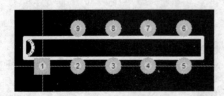

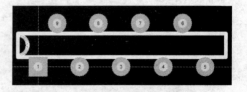

图 13-36　焊盘形状修改结果

图 13-37　修改焊盘位置

（12）在坐标（－275mil，55mil）和（725mil，55mil）处放置两个焊盘作为元件的固定孔，并将焊盘外径修改为 150mil，孔径改为 110mil，如图 13-38 所示。

（13）将轮廓线删除，重新绘制，如图 13-39 所示。

（14）保存元件封装即完成整个创建过程。

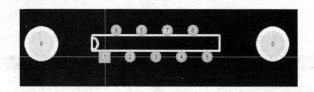

图 13-38　固定孔的放置

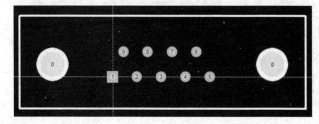

图 13-39　利用向导创建的 DB9 封装

### 3. 示例三　修改库中元件封装

在实际应用中，我们会发现某些元件在库中有封装，但是其电路符号的引脚定义与封装库中的引脚定义不一致，导致在载入网络表时找不到对应的节点。如二极管的电路符号中阳极引脚号为"1"，阴极引脚号为"2"，而二极管封装的阳极引脚号为"A"，阴极引脚号为"K"，这样就会导致在 PCB 中调用二极管封装时，其两个引脚无法与网络节点相连。我们可以将封装库中的二极管封装复制，然后稍加修改就可以达到要求，具体处理方法如下：

（1）创建封装库文件。执行"File"→"New..."命令，在系统弹出的 New Document 对话框中选择 PCB Library Document。单击"OK"按钮，生成名为"PCBLIB1. LIB"的库文件。

（2）双击"PCBLIB1. LIB"库文件，进入元件封装编辑器。

（3）单击元件封装管理器窗口中的"Rename..."命令按钮，在弹出的对话框中将新建二极管封装命名为"D"，如图 13-40 所示。

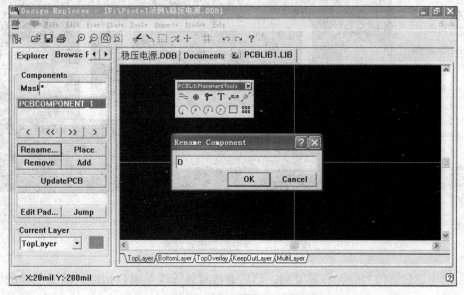

图 13-40　二极管封装重命名

（4）执行"File"→"Open..."菜单命令，打开"C:\Program Files\Design Explorer 99 SE\Library\Pcb\Generic Footprints\Advpcb.ddb"数据库，如图13-41所示。

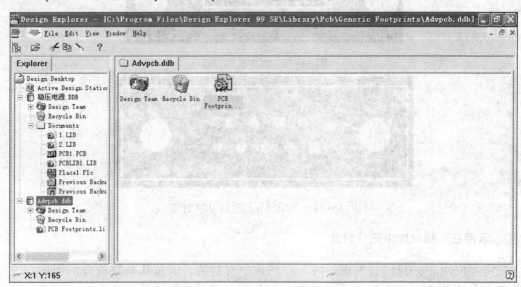

图13-41　打开二极管所在的封装库

（5）双击打开工作区窗口中的"Pcb Footprints.lib"封装库文件，通过浏览找到库中的二极管封装，如图13-42所示。

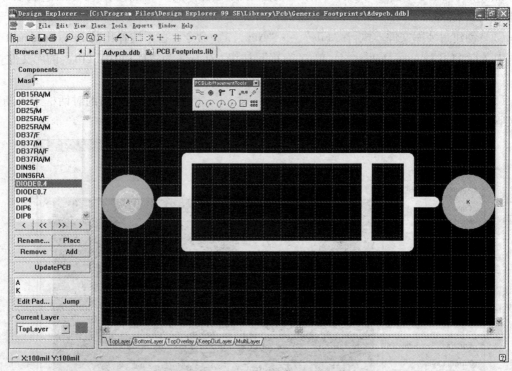

图13-42　库中的二极管封装

（6）选中二极管的封装，将其复制，然后通过封装管理器窗口切换到前面创建的库文件窗口中，并执行粘贴命令，将选中消除，结果如图13-43所示。

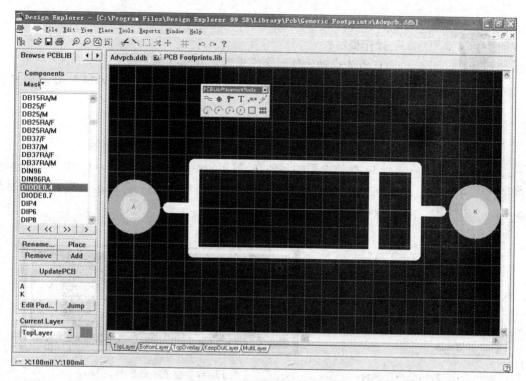

图 13-43　复制二极管的封装

（7）双击焊盘"A"，在弹出的焊盘属性编辑对话框中，将焊盘的"Designenator"（序号）由"A"改为"1"，同理，将另一焊盘的序号由"K"改为"2"，单击"OK"按钮确定，结果如图 13-44 所示。

（8）保存文件。

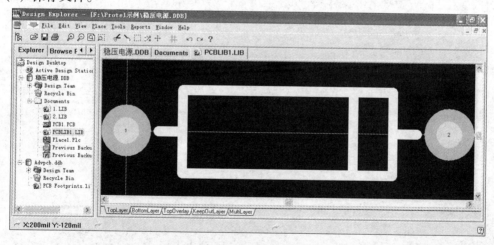

图 13-44　修改后的二极管封装

## 13.4　任务 53　技能训练

（1）三极管的实际引脚图如图 13-45 所示，如果用"Library\PCB\Generic Footprints\Advpcb.ddb"中的"PCB footprints.lib"封装库中的封装"TO-92A"来作为三极管的封装行不

图 13-45 三极管的
引脚图

行，若不行，请重新创建封装。

操作提示：

① 首先启动元件封装编辑器，并建立库文件。

② 打开"PCB footprints. lib"封装库，将"TO-92A"复制到元件封装编辑器环境中。

③ 将三极管封装的 1、2 脚对调即可。

（2）已知按钮的尺寸如图 13-46 所示，创建其封装。

（3）整流电桥的封装在"Library\PCB\Generic Footprints\International Rectifiers. lib"库中，其封装 D-37 如图 13-47 所示，将它作适当修改，保存在自定义的库中以备后用。

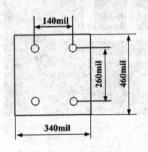

图 13-46　按钮的尺寸参数

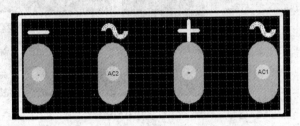

图 13-47　整流电桥的封装 D-37

# 实训 14  电路仿真应用

## 学习目标

（1）熟悉电路仿真的基本步骤。
（2）了解仿真库中元器件和激励源。
（3）掌握设置仿真电路原理图的方法。
（4）掌握仿真波形分析器的应用。

在实训 1 中我们已了解到 Protel 99 SE 除了绘制原理图和设计印制电路板的功能外，还可以电路仿真。电路仿真顾名思义就是通过仿真软件提供的电路模型设计好电路进行实时模拟，模拟出实际功能，然后通过其分析改进，从而实现电路的优化设计。通过仿真可以大大提高电子电路设计的成功率和效率，缩短设计周期，降低设计成本，提高产品的可靠性。

## 14.1  任务 54  电路仿真准备

Protel 99 SE Advanced SIM 99 是一个功能强大的数/模混合信号电路仿真器，运行在 Protel 的 EDA/Client 集成环境下，与 Protel Advanced Schematic 原理图输入程序协同工作，作为 Advanced Schematic 的扩展，为用户提供了一个完整的从设计到验证的仿真设计环境。

在 Protel 99 SE 中执行仿真，需要从仿真用元件库中放置所需的元器件，连接好原理图，加上激励源，然后单击仿真按钮即可自动开始。作为一个真正的混合信号仿真器，SIM99 集成了连续的模拟信号和离散的数字信号，可以同时观察复杂的模拟信号和数字信号波形，以及得到电路性能的全部波形。

与常见的 Pspice、Multisim、Protues 等仿真软件不同，Protel 99 SE 中设计出的原理图是不可以直接拿来进行仿真的，这主要是因为电路原理图中放置的元件符号分为不可仿真元器件和可仿真元器件两类。当我们仅仅由原理图到 PCB 设计时，大多数的元器件一般来自没有仿真模型的元件库路径下。如果用户设计的原理图需要进行仿真，则电路中所有元器件符号均应来自 Design Explorer 99\Library\Sim 中。

### 1. 电路仿真步骤

电路仿真步骤可以分为以下几步：
（1）建立电路原理图文件（即即将进行的仿真电路名）。
（2）在原理图编辑器中载入仿真元件库"Sim. ddb"。
（3）在电路中放入仿真元件并设置元件仿真参数。
（4）调整元件位置，连线绘制仿真电路原理图。
（5）在仿真电路中添加电源或激励源并设置参数。
（6）设置仿真输出节点和电路初始状态。
（7）对仿真电路进行 ERC 检查，保证电路没有电气错误。

（8）设置仿真分析的参数。

（9）进行电路仿真，得到仿真结果。

### 2. "Sim. ddb" 中的元件仿真模型

为了进行电路仿真分析，原理图中的所有元件必须包含特定的仿真信息，以便仿真器能够正确地对这些元件进行分析。Protel 99 SE 中的仿真元件库 "Sim. ddb" 位于 "\Design Explorer 99\Library\Sch" 路径下，在 "Sim. ddb" 文件中，依据元件种类的不同，分有 28 个元件库，现对常用仿真元件简要介绍。

（1）电阻。在库 "Simulation Symbols. lib" 中，包含了一般电阻类型，如图 14-1 所示：

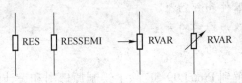

图 14-1　电阻元件

图中，RES：固定电阻；RESSEMI：半导体电阻；POT2：电位器；RES4：变电阻。

在放置过程中按 Tab 键，或放置完后双击该元件，弹出元件参数设置属性对话框，现以电位器属性对话框设置为例加以说明，如图 14-2 所示。

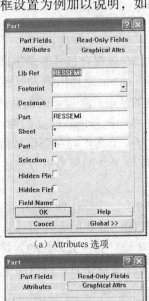

（a）Attributes 选项

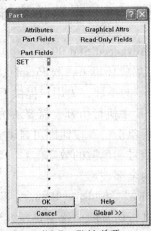

（b）Part Fields 选项

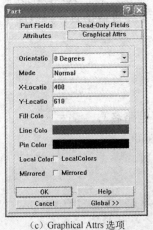

（c）Graphical Attrs 选项

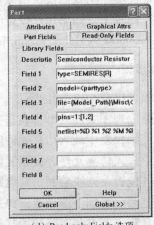

（d）Read-only Fields 选项

图 14-2　电阻仿真元件参数设置对话框

对于所有元件来说，"Attributes 选项"和"Graphical Attrs 选项"设置与原理图中不可仿真元件设置一样；"Read - only Fields 选项"是该元件的模型参数，用户不要轻易改动，只有"Part Fields 选项"，有一个可选项供用户设置。

【SET】项：是可调电阻系数，输入范围为［0，1］。对于可变电阻来讲，其实际电阻值为：【Part Type】项中的数值乘以【SET】项中的系数，若【Part Type】项中的数值为 50kΩ，【SET】项中的系数为 0.5，则该可变电阻的实际阻值为 25 kΩ。对电位器来讲，则该 25 kΩ 是其 2、3 脚间的阻值。

（2）电容。在"Simulation Symbols. Lib"库中，包含了如图 14-3 所示的电容：

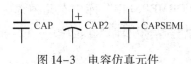

图 14-3  电容仿真元件

图中，CAP：无极性电容；CAP2：极性电容；CAPSEMI：单连可变电容。

电容的"Part Fields 选项"中有三个可选项。

【L】项：以 m 为单位设置电容的长度（这项设置仅仅对半导体电容有效）。

【W】项：以 m 为单位设置电容的宽度（这项设置仅仅对半导体电容有效）。

【IC】项：设置电容电压的初始值，该项仅在仿真分析工具傅里叶变换中使用的初始条件被选中后有效。

（3）电感。在"Simulation Symbols. Lib"库中，电感的模型只有一个，其选项设置含义同电容。

（4）二极管。在"DIODE. LIB"库中二极管的模型比较多，常见的如图 14-4 所示。图中自左至右分别为普通二极管、稳压二极管、肖特基二极管、变容二极管，"Part Fields 选项"中有四个可选项。

【AREA】项：设定面积因子，即决定所指模型的等效并联的数目。此项设置会影响该模型中的许多参数。

【OFF】项：在直流工作点分析中，此项为"OFF"，表示二极管两端电压为 0。此项设置可以解决直流分析和瞬态分析的不收敛问题，从而可以得到较精确的求解结果。

【IC】项：设置二极管的初始条件，即零时刻二极管上的压降。

【Temp】项：设置二极管的工作温度，单位为摄氏度，默认为 27℃。

（5）双极型晶体管。在"BJT. LIB"库中三极管的模型比较多，常见的如图 14-5 所示。

图 14-4  二极管仿真元件          图 14-5  三极管仿真元件

晶体三极管属性的"Part Fields 选项"中有四个可选项。

【AREA】项：设定面积因子，即决定所指模型的等效并联的数目。此项设置会影响该模型中的许多参数。

【OFF】项：在直流工作点分析中，此项为"OFF"，表示三极管电压为 0。

【IC】项：设置三极管的初始条件，即零时刻三极管上的集电极电流大小。

【Temp】项：设置三极管的工作温度，单位为摄氏度，默认为27℃。

（6）继电器。在"Relay. Lib"库中有5种常见的继电器元件，如图14-6所示。

继电器属性的"Part Fields 选项"中有五个可选项。

【Pullin】项：设置继电器的吸合电压。

【Dropoff】项：设置继电器的断开电压。

【Contact】项：设置触点的阻抗，单位为Ω。

【Resistance】项：设置工作线圈的阻抗，单位为Ω。

【Inductance】项：设置工作线圈的电感，单位为H。

（7）变压器。在"TRANSFORMER. LIB"库中有几种常见的变压器元件，如图14-7所示，其中以"CT"为后缀的变压器是中间抽头式的。

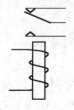

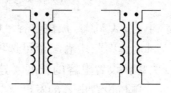

图14-6　继电器仿真元件　　　　　图14-7　变压器仿真元件

变压器属性的"Part Fields 选项"中有五个可选项。

【RATIO】项：设置变压器的初次级变比。

【RP】项：设置初级线圈的直流电阻值，单位为Ω。

【RS】项：设置次级线圈的直流电阻值，单位为Ω。

【LEAK】项：设置变压器的漏感，单位为H。

【MAG】项：设置磁场强度，单位为H。

（8）TTL和CMOS器件。在"74xx. Lib"和"CMOS. Lib"元件库中分别含有74系列集成逻辑电路元件和4000系列的CMOS集成逻辑电路元件。这两类元件中"Part Fields 选项"设置如下。

集成逻辑元件属性的"Part Fields 选项"中有十一个可选项。

【Propagation】项：设置元件的传输延时，可以设置最大或最小延时时间，默认为典型值。

【Loading】项：设置元件的输入负载特性，设置方法同上。

【Drive】项：设置元件的输出驱动特性，设置方法同上。

【Current】项：设置元件的供电电流，设置方法同上。

【PWR VALUE】项：设置供电电源电压，如果设定了数值，那么必须同时设置【GND VALUE】项，并且设定值自动取代默认值。

【GND VALUE】项：设置供电电源地的电压，如果设定了数值，那么必须同时设置【PWR VALUE】项，并且设定值自动取代默认值。

【VIL VALUE】项：设置输入电压的低电平值，并且设定值自动取代默认值。

【VIH VALUE】项：设置输入电压的高电平值，并且设定值自动取代默认值。

【VOL VALUE】项：设置输出电压的低电平值，并且设定值自动取代默认值。

【VOH VALUE】项：设置输出电压的高电平值，并且设定值自动取代默认值。

【WARN】项：设置为"ON"，则允许对非法参数设置情况进行警告，默认值为"OFF"。

（9）复杂元件模型。SIM99 中的复杂元件都用 SPICE 子电路模型化，它们不需要进行仿真模型参数的设置，设计者只需要将它们放到仿真电路原理图中，并设置好编号就可以了。这些元件库文件名称如下：

- 7SEGDISP. LIP：七段数码管。
- BUFFER. LIB：集成模拟缓冲器。
- CAMP. LIB：集成电流反馈放大器。
- COMPARATOR. LIB：集成电压比较器。
- IGBT. LIB：绝缘栅双极型晶体管。
- MATH. LIB：数学运算库。
- Misc. Lib：常见的分立与集成元件。
- OpAmp. Lib：集成运放。
- OPTO. LIB：光电耦合器件。
- REGULATOR. LIB：集成稳压器件。
- SCR. LIB：晶闸管元件。
- TIMER. LIB：集成 555 定时器。
- TRIAC. LIB：三端双向晶闸管元件。
- TUBE. LIB：电子管元件。
- UJT. LIB：单结晶体管。

### 3. "Sim. ddb "中的仿真电源

在绘制仿真电路原理图时，常需要添加各种电源或激励源。在"Sim. ddb"中的"Simu-lation Symbols. lib"库中就有各种电源模型元件。

（1）直流电源。直流电源有直流电压源（VSRC）和直流电流源（ISRC）两种，如图 14-8 所示。

直流电源可供设置参数如下：

- "Attributes" 选项。

【Designator】项：设置元件的编号，如 VCC。

【Part Type】项：设置电源的输出电压值或电流值。

- "Part Fields" 选项。

【AC Magnitude】项：若要进行交流小信号分析，则需设置此项，典型值为 1。

【AC Phase】项：设置交流小信号电压的相位，单位为度。

（2）正弦交流电源。正弦交流电源有正弦电压源（VSIN）和正弦电流源（ISIN）两种，如图 14-9 所示。

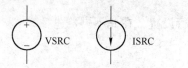

图 14-8　直流电源仿真元件

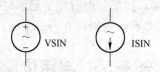

图 14-9　正弦交流电源仿真元件

正弦交流电源属性设置如下：

- "Attributes" 选项。

【Designator】项：设置元件的编号，如 $u_i$。

- "Part Fields" 选项。

【DC Magnitude】项：此项设置忽略。

【AC Magnitude】项：若要进行交流小信号分析，则需设置此项，典型值为1。

【AC Phase】项：设置交流小信号电压的相位，单位为度。

【Offset】项：设置正弦交流电源的直流分量。

【Amplitude】项：设置正弦交流电源的峰值。

【Frequency】项：设置正弦交流电源的频率。

【Delay】项：设置正弦交流电压达到稳定时的延迟时间。

【Dumping Factor】项：设置正弦信号幅值衰减的百分比。设置为正值时，正弦波以指数形式衰减，设置为正值时正弦波以指数形式增加。如果为0，则输出是等幅的正弦波。

【Phase Delay】项：设置0时刻时正弦波的相移。

（3）周期脉冲源。周期脉冲源有脉冲电压源（VPULSE）和脉冲电流源（IPULSE）两种，如图 14-10 所示。

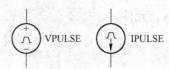

图 14-10　周期脉冲电源仿真元件

周期脉冲电源属性设置如下：

- "Attributes" 选项

【Designator】项：设置元件的编号，如 CLK。

- "Part Fields" 选项

【DC】项：此项设置忽略。

【AC】项：若要进行交流小信号分析，则需设置此项，典型值为1。

【AC Phase】项：设置交流小信号电压的相位，单位为度。

【Initial Value】项：电压或电流的起始值。

【Pulsed Value】项：设置电压或电流的脉冲值。

【Time Delay】项：设置电源从初值变化到出现脉冲值时的延迟时间。

【Rise Time】项：设置电压或电流的上升时间。

【Fall Time】项：设置电压或电流的下降时间。

【Pulse Width】项：设置脉冲宽度，单位为 s。

【Period】项：设置脉冲的周期，单位为 s。

【Pulse Delay】项：设置相位延迟时间。

其他电源参数设置可以参考以上三种电源进行设置，在此不再赘述。

## 14.2　任务55　电路仿真举例

下面以三极管分压偏置放大电路为例来说明如何绘制仿真电路以及进行节点设置，并进行静态工作点分析、输入输出波形观察和交流频率特性分析。仿真电路如图 14-11 所示。

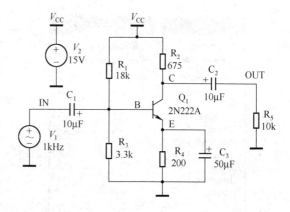

图 14-11　分压偏置放大仿真电路

### 1. 准备工作

（1）首先建立仿真原理电路文件，如文件名"分压偏置放大仿真电路.sch。"

（2）装载元件库。在设计管理器窗口中单击"Browse Sch"标签，切换到原理图，在"Browse"列表框中选择"Library"选项，单击【Add/Remove…】命令按钮，也可以执行【Design】/【Add/Remove Library…】菜单命令，此时系统弹出原理图元件库添加/删除对话框，选中"Sim.ddb"仿真元件库，单击【Add】命令按钮，该元件库便出现在"Selected Files"显示框中，如图 14-12 所示。

图 14-12　添加仿真元件库

（3）放置元件并绘制仿真电路。在图 14-12 所示左边元件浏览器窗口中，找到相应的仿真元件放置到右边的设计器窗口中，按照图中参数设置并完成电路连接，在输入、输出端放置网络标号"IN"和"OUT"两个节点，以便后面仿真输出节点波形；在晶体三极管的三个极放置网络标号"C"、"B"、"E"三个节点，以便进行直流工作点分析。最后进行"ERC"检查无误方可。

（4）电源设置。

① 双击正弦交流信号源 V1，弹出属性设置对话框，如图 14-13 所示。将"Attributes"选项卡中的"Designator"栏设置为"V1"，"Part Fields"选项卡设置如图所示，按下【OK】按钮确认。

② 双击直流电源 V2，弹出属性设置对话框如图 14-14 所示。将"Designator"项设置为"V2"，"Part type"栏设置为"+12V"，按下【OK】按钮确认。

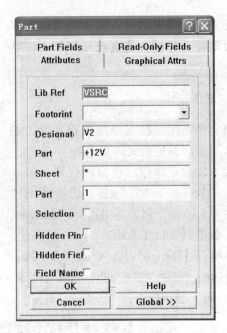

图 14-13 正弦交流信号源属性设置　　图 14-14 直流电源设置

## 2. 仿真分析

执行 "Simulate Setup" 菜单命令，打开 "Analyses Setup" 对话框（有些版本的 Protel 99 SE 可能无 "Simulate Setup" 菜单命令，则可以单击工具栏中的 "🖫" 图标，同样可以打开 "Analyses Setup" 对话框）如图 14-15 所示。

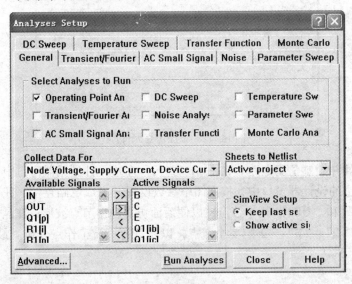

图 14-15 仿真分析设置对话框

在仿真分析设置对话框里的【General】选项卡中的 "Select Analyses toRnu" 栏下，提供了九种分析方法。

● Operating Point Analyses：直流工作点分析。

● DC Sweep Analyses：直流扫描分析。

- Temperature Sweep：温度扫描分析。
- Transient/Fourier Analyses：瞬态分析/傅里叶分析。
- Noise Analyses：噪声分析。
- Paramter Sweep：参数扫描分析。
- AC Small Signal Analyses：交流小信号分析。
- Transfer Function：直流传输函数分析。
- Monte Carlo Analyses：蒙特卡罗分析。

在【Collect Data For】下拉列表框中，有 5 种不同的数据存储类型可供选择，将数据仿真结果以指定类型存储，如图 14-16 所示。

- Node Voltages and Supply Currents：存储每个节点电压和每个供电电源的电流。
- Node Voltages，Supply and Device Currents：存储每个节点电压、每个供电电源和每个元件上的电流。
- Node Voltages，Supply Currents，Device Currents and Power：存储每个节点电压、每个供电电源和每个元件上的电流和功耗。
- Node Voltages，Supply Currents and Device/Subcircuit VARs"：存储每个节点电压、每个供电电源以及在子电路各变量上的电压或电流。
- "Active Variables"：只存储【Active Signal】列表栏中节点的电压和供电电源的电流。

在原理图中欲观察节点仿真数据，可通过列表栏【Available Signals】和【Active Signal】来实现，如图 14-17 所示。直接双击【Available Signals】中需要显示结果的节点或先单击需要的节点，再单击 > 按钮，选中的节点将在【Active Signal】列表栏中列出。

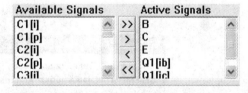

图 14-16　数据存储类型选择　　　　　图 14-17　选择显示数据节点

本书主要介绍直流分析、直流扫描分析、瞬态分析、交流小信号分析的应用。

（1）静态工作点分析。放大电路中最重要的静态工作点是晶体三极管三个电极的电位和三个电极的电流，由此可判断放大电路是否处于放大状态，并且能得出三极管的电流放大系数。

① 选中"Operating Point Analyses"前的复选框。

② 数据存储类型采取默认选择。即"Node Voltages，Supply Currents，Device Currents and Power"。

③ 在列表栏【Available Signals】双击选择 E、B、C、Q1(ib)、Q1(ic)、Q1(ie) 六个数据节点，则在右边的【Active Signal】列表栏会列出 E、B、C、Q1(ib)、Q1(ic)、Q1(ie) 六个节点，表示仿真时在窗口中直接显示六点数据。

④ 单击【RunAnalysys】按钮，结果如图 14-18 所示。可以看出 $U_C > U_B > U_E$，说明电路处于放大状态。$I_B + I_C = I_E$，同时还能算出晶体管的电流放大系数约是 189。

（2）放大电路的瞬态分析。瞬态分析是一种非线性时域分析方法，它可以在给定激励信

| | |
|---|---|
| b | 1.776 V |
| c | 8.208 V |
| e | 1.129 V |
| q1[ib] | 29.66uA |
| q1[ic] | 5.617mA |
| q1[ie] | -5.647mA |

图 14-18　放大电路直流工作点分析

号的条件下，计算电路的时域响应。它类似于利用示波器观察各节点电压或电流波形。在瞬态分析时，电路的初始状态可由设计者自行指定。如果不指定初始状态，仿真程序会自动进行直流分析，并用直流分析研究的结果作为瞬态分析的初始状态。

① 如图 14-19 所示，选中【General】选项卡中"Operating Point Analyses"栏下的"Transient/Fourier"项前的复选框，单击【Transient/Fourier】选项卡，展开三组复选框，如图 14-20 所示。

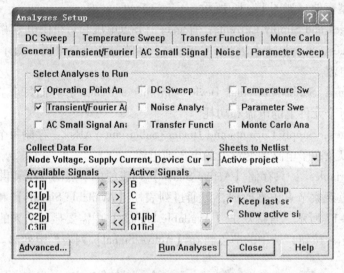

图 14-19　瞬态分析选择

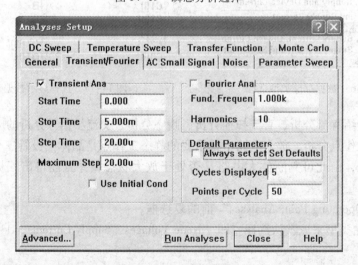

图 14-20　瞬态分析参数设置

② 将"Default Parameters"组下的"Always set defaults"勾掉，此时"Transient Analyses"组前复选框被激活，可进行瞬态分析参数设置，各项意义如下：

【Start Time】：设置瞬态分析的开始时间，本例设置0s。

【Stop Time】：设置瞬态分析的终止时间，本例设置5ms。

【Step Time】：设置瞬态分析的时间步长，本例设置20μs。

【Maximum Step】：设置瞬态分析的最大步长，本例设置20μs。

③ 在列表栏【Available Signals】双击选择 IN、OUT 两个数据节点，则在右边的【Active Signal】列表栏会列出 IN、OUT 两个节点。

④ 单击【RunAnalysys】按钮，结果如图 14-21 所示，可以看出，输出信号与输入信号反相，而且还放大了 100 多倍。

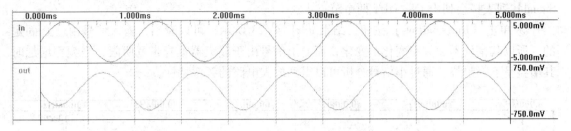

图 14-21　放大电路瞬态分析结果

（3）小信号分析。交流小信号分析是一种线性频域分析，仿真程序首先将电路的直流工作点计算出来，以确定电路中所有非线性器件的线性化小信号模型参数，然后在设计者指定的频率范围内对变换后的线性化电路进行扫描分析。

① 执行"Simulate Setup"菜单命令，打开"Analyses Setup"对话框，选中【General】选项卡中"AC Small Signal Anlyses"复选框，单击【AC Small Signal Anlyse】选项卡，如图 14-22 所示。

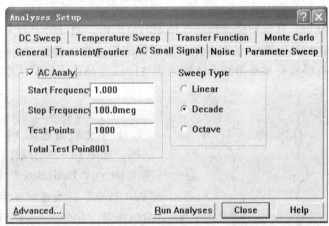

图 14-22　交流小信号分析设置

② 勾选"Ac Analyses"复选框，可进行交流小信号分析参数设置，各项意义如下：

【Start Frequency】：设置扫描起始频率，本例设置 1Hz。

【Stop Frequency】：设置扫描终止频率，本例设置 100MHz。

【Test Points】：设置测试点数目，本例设置 1000。

【Maximum Step】：设置瞬态分析的最大步长，本例设置 20μs。

③ 在"Sweep Type"单选栏中，各项意义如下：

【Linear】表示扫描频率按线性变化，即在扫描频率范围内均匀取点，若设置取点数为

$N$，则实际取点数为 $N-1$。

【Decade】表示扫描频率按 10 倍频变化，这里扫描频率范围分成多个数量级，每一级是上一级的 10 倍，若设置取点数为 $N$，则在每一个数量级里扫描点为 $N-1$。

【Octave】表示扫描频率按 2 倍频变化，这里扫描频率范围分成多个数量级，每一级是上一级的 2 倍，若设置取点数为 $N$，则在每一个数量级里扫描点为 $N-1$。

④ 在列表栏【Available Signals】双击选择 IN、OUT 两个数据节点，则在右边的【Active Signal】列表栏会列出 IN、OUT 两个节点。

⑤ 单击【RunAnalysys】按钮，结果如图 14-23 所示，可以看出，输入信号由于是固定的，所以其幅值不随频率变化而变化，而输出信号由于放大器本身带宽所限，当频率增加时其增益呈下降趋势。通过小信号分析可以得到放大电路的频率特性。

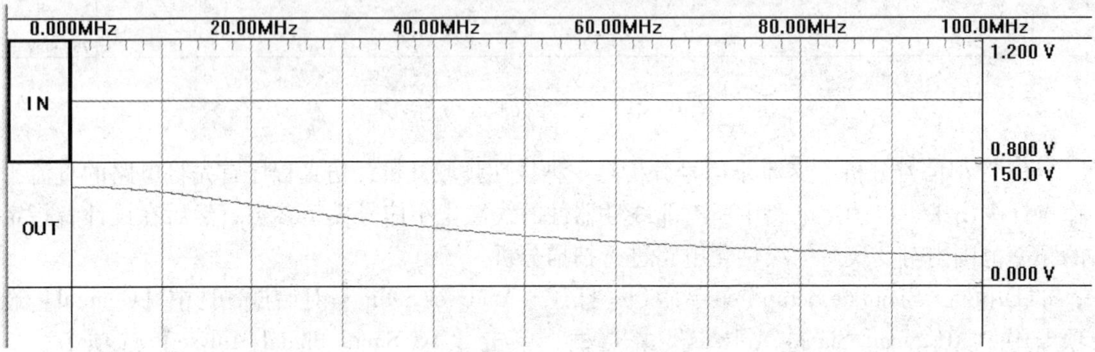

图 14-23　小信号分析结果

（4）直流扫描分析。直流扫描分析是在指定的范围内，当电路中一个（或两个）独立电源参数步进变化时，计算电路中直流工作点的变化曲线。直流分析产生的是直流转移曲线，利用直流扫描分析可轻而易举地得到晶体管的特性曲线。晶体三极管伏安特性曲线测试仿真电路如图 14-24 所示。

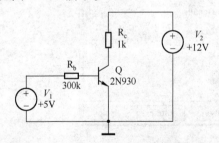

图 14-24　晶体三极管伏安特性曲线测试仿真电路

（5）电源设置。

① 双击直流电源 V1，弹出属性设置对话框，如图 14-25 所示，将"Attributes"选项卡中的"Designator"栏设置为"V1"，"Part Type"栏设置"+5V"，虽然仿真扫描时电压是变化的，但这个值必须设定，按下【OK】按钮确认。

② 双击直流电源 V2，弹出属性设置对话框，如图 14-26 所示，将"Designator"项设置为"V2"，"Part type"栏设置为"+12V"，按下【OK】按钮确认。

③ 执行"Simulate Setup"菜单命令，打开"Analyses Setup"对话框，选中【General】选项卡中"DC Sweep"复选框，如图 14-27 所示。

④ 在列表栏【Available Signals】双击选择 Rb(i) 或 Q(ib) 数据节点，则在右边的【Active Signal】列表栏会列出 RC(i) 或 Q(ib) 节点，此选择就是观察晶体三极管输入特性曲线。

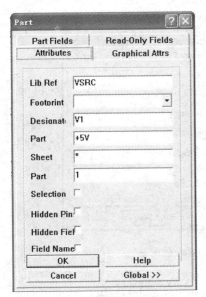

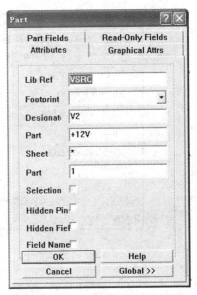

图 14-25　直流电源 V1 属性设置　　　　　图 14-26　直流电源 V2 属性设置

图 14-27　直流扫描分析设置

⑤ 单击【DC Sweep】选项卡，如图 14-28 所示，有两个复选框可以选择，其中 "DC Sweep Primary Source" 表示第一独立电源，"Secondary" 表示第二独立电源。用户可分别进行第一、第二两个独立电源直流扫描分析参数设置，各项意义如下：

【Source Name】：选择独立电源的名称。

【Start Value】：设置扫描起始值。

【Stop Value】：设置扫描终止值。

【Step Value】：设置扫描步长。

输入特性是指晶体三极管基极电流与发射极电压之间的关系，所以只要变化 $V_1$ 就可以了，勾选 "DC Sweep Primary Source" 栏，各项参数设置如图 14-28 所示。

⑥ 单击【RunAnalysys】按钮，结果如图 14-29 所示，可以看出，输入特性中晶体管的死区电压为 0.5V 左右，电流是线性增加的，说明晶体管导通后发射极压降几乎不变，剩余电压变化全部作用在电阻 $R_b$ 上，所以基极电流是线性增加的。

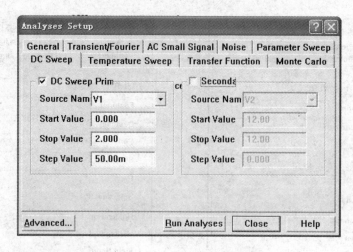

图 14-28　输入特性仿真分析设置

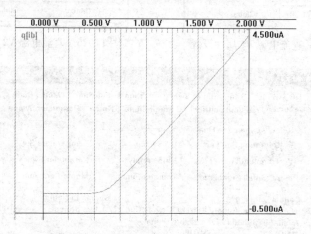

图 14-29　晶体三极管输入特性仿真分析

⑦ 输出特性是指晶体三极管集电极电流在基极电流恒定下与集－射极电压的关系，实际上输出特性反映了不同工作区域内集电极电流与相应参数变化的关系。首先要在列表栏【Available Signals】双击选择 RC（i）或 Q（ic）数据节点，同时勾选 "DC Sweep Primary Source" 和 "secondary" 两个独立电源，各项参数设置如图 14-30 所示。

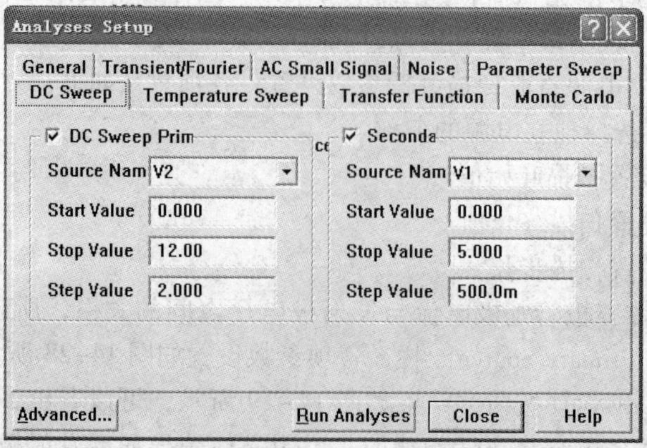

图 14-30　输出特性仿真分析设置

⑧ 单击【RunAnalysys】按钮，结果如图 14-31 所示，可以看出，输出特性由饱和区、放大区、截止区组成，在放大区中集电极电流几乎是恒定的，说明它是受基极电流控制的。

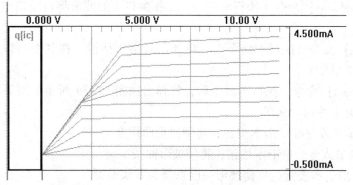

图 14-31　晶体三极管输出特性曲线仿真分析

## 14.3　任务 56　波形分析器设置

在任务 2 中，我们先进行仿真电路绘制，接着对元件参数进行设置，并设置仿真节点和仿真初始状态，然后再进行仿真分析参数的设置，最后运行电路仿真并看到了结果。仿真结果文档以后缀名为"．sdf"的文件存储在设计数据库文件中，并在一个仿真波形分析器窗口中显示，现时还会生成一个后缀名为"．cfg"的文件，其内保存有仿真分析参数设置的内容。

波形分析器的操作与示波器有相似之处，如图 14-32 所示。

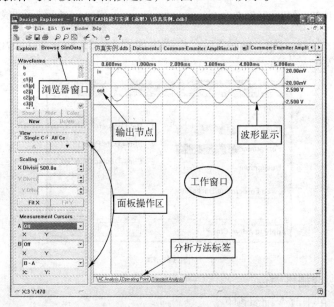

图 14-32　仿真波形分析器窗口

下面我们来介绍如何使用仿真波形分析器。

### 1. 菜单命令使用

在仿真波形分析器窗口，大部分菜单命令与 Protel 99 SE 常见的菜单命令基本上相同，在此不再介绍了，现只对【View】中几个特殊命令给予说明。

单击【View】菜单命令或在工作窗口单击右键会分别弹出图 14-33（a）、（b）两图，它们主要作用基本相同。

（1）【fit Waveforms】命令。执行本命令，工作窗口中的波形将自动调整到能够显示全部数据波形的状态。

（2）【Scaling】命令。执行本命令后，将弹出一个对话框，在其中可以更改波形图中 X 轴、Y 轴的坐标类型。

（3）【Brightness】命令。执行本命令后，将弹出如图 14-34 所示的对话框，用于改变波形曲线的亮度。几个按钮含义是：

- Lighten：单击或连续单击本按钮，将使波形曲线变亮。
- Darken：单击或连续单击本按钮，将使波形曲线变暗。
- Reassign：单击本按钮，将使波形亮度恢复为默认设置。

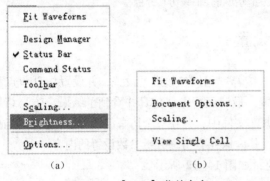

图 14-33　【View】菜单命令　　　　　　图 14-34　波形曲线亮度设置对话框

（4）【Options】命令。执行本命令后，将弹出如图 14-35 所示的对话框，用于设置波形分析器工作窗口中的显示属性。

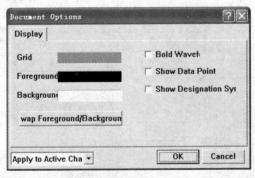

图 14-35

- Grid：单击改变栅格颜色。
- Foreground：单击改变前景颜色。
- Background：单击改变背景颜色。
- 【wap Foreground/ Background】：单击该按钮，前景色和背景色相互交换。
- Bold Waveform：选中该项，表示波形将加粗显示。
- Show Data Point：选中该项，表示在波形中显示所有数据点，如图 14-36 所示。
- Show Designation Symbol：选中该项，表示在使用不同符号来表示同一单元中不同波形上的数据点，如图 14-37 所示。

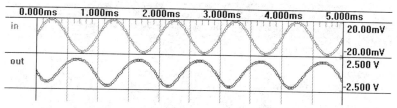

图 14-36　只选中"Show Data Poin"项

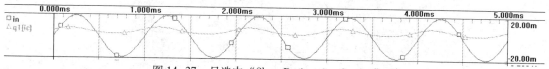

图 14-37　只选中"Show Designation Symbol"项

## 2. 波形分析器工作窗口

（1）工作标签的切换。在选择多种仿真方法运行以后，在仿真波形分析器窗口下端就会显示全部分析方法对应的仿真结果，如图 14-38 所示，单击工作标签可以显示不同的相应的仿真结果。

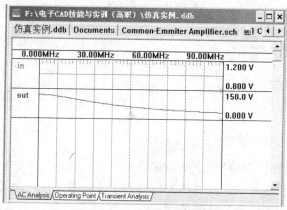

图 14-38　工作标签切换窗口

（2）工作窗口的管理。在工作窗口中单击鼠标右键，在弹出的快捷菜单中选择【View Single Cell】命令后，工作窗口中将只显示最上面的一个波形，如图 14-39 所示。选择单击浏览器窗口中的波形视力栏中的"Single Cell"能得到同样的效果。

（3）波形曲线的管理。鼠标移至波形曲线名称上，待出现小手后，左键单击波形曲线名称，波形名称前出现一个实心小圆点，同时绘图区中的波形曲线变粗，如图 14-40（a）所示。再单击波形名称，则波形曲线变细，小圆点也消失。若鼠标右键单击波形曲线名称，则又多出个快捷菜单，如图 14-40（b）所示。各项含义如下：

- Cursor A：添加本波形曲线的游标 A，如图 14-41 所示。
- Cursor B：添加本波形曲线的游标 B，如图 14-41 所示。
- Wave Color：改变本波形曲线的显示颜色。
- Hide Wave：隐藏本波形曲线。
- View Single cell：在工作窗口中只显示本单元中的波形。
- Insert Cell：在本单元上方插入一个空的单元。
- Delete Cell：删除本单元。

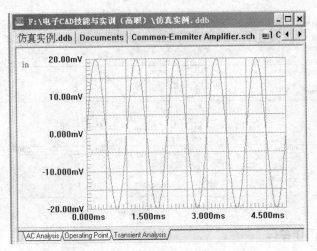

图 14-39　单个波形曲线显示

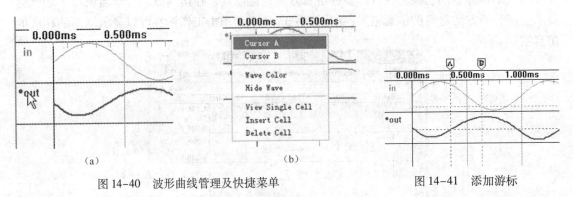

图 14-40　波形曲线管理及快捷菜单

图 14-41　添加游标

（4）绘图单元的管理。鼠标指向波形名称区域（不要出现小手形状）单击右键，弹出如图 14-42（a）所示的快捷菜单。或者将光标移到波形绘图区任一位置，单击鼠标右键，则会弹出如图 14-42（b）所示的快捷菜单。

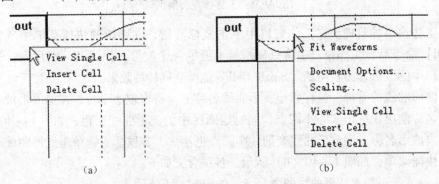

图 14-42　绘图单元管理的快捷菜单

上面菜单命令说明在前面已经介绍，这里不再赘述。另外将鼠标指针移到波形单元的边沿时，当鼠标指针出现可上、下移动的符号时，按住鼠标左键就可上、下调整显示单元的高度。

（5）波形的局部放大。在工作窗口区的任一位置，按住鼠标左键不放，拖出一个虚框，松开鼠标后即可实现所有波形的局部放大。要想返回原来的显示比例，只要单击鼠标右键在快捷菜单中选择【Fit Waveforms】命令即可。

## 14.4　任务57　技能训练

（1）练习调入仿真元件库。操作提示：

① 首先在设计管理器中选择 Browse Sch 对话框，在该对话框的 Browse 区域中的下拉框中选择 Libraries，单击 Add/Remove 按钮，在弹出的窗口上部搜寻下拉框中，选择 Protel 99SE 所在的文件夹，再选择路径：Protel 99SE 文件夹\Library\Sch。

② 在元件库显示窗口找到 Sim，单击窗口下部的 Add 按钮，可以看到在窗口中的 Selected Files 区域将显示仿真元件库 Sim 的路径，最后单击 OK 按钮，就把仿真元件库添加到了元件库管理器。

（2）电路如图 14-43 所示，试求 $N_1$ 节点处的电压。操作提示：

① 求取 $N_1$ 点的电压可以使用工作点分析 Operating Point Analysis。

② 执行菜单 Simulate/Setup，屏幕弹出设置窗口的 General 对话框。

③ 单击 Run Analyses 按钮，分析开始，Sheet1. sdf 文件显示分析结果。

（3）试使用参数分析，求图 14-44 所示电路的集电极电阻 $R_3$ 为 $1k\Omega$、$2k\Omega$、$3k\Omega$、$4k\Omega$、$5k\Omega$、$6k\Omega$ 时的集电极电压。操作提示：

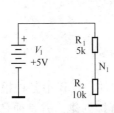

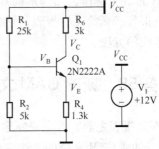

图 14-43　直流电路仿真　　　图 14-44　放大电路工作点分析

① 执行菜单 Simulate/Setup，屏幕弹出设置窗口的 General 对话框。

② 进行参数分析设置和直流分析设置。

（4）仿真分析图 14-45 所示的电路，观察 $V_{o1}$ 和 OUT 端的波形。

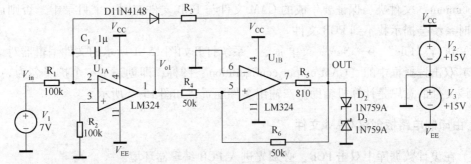

图 14-45　压控振荡电路仿真

操作提示：

① 执行菜单 Simulate/Setup，屏幕弹出设置窗口的 General 设置对话框。

② 由于要观察该电路的输出波形，必须选择瞬态分析设置。

③ 该电路是电压控制振荡电路，对于不同的输入电压，振荡频率要随之变化。

# 实训 15  PCB 报表及光绘文件输出

## 学习目标

(1) 了解各种 PCB 报表的功能与作用。

(2) 掌握各种 PCB 报表的生成方法。

(3) 掌握光绘文件的输出方法。

(4) 掌握光绘文件的输出方法。

通常在 PCB 绘制完毕后,将所设计的文件生成可以辅助制作电路板的报表,称为 CAM (Computer aim Manufacture,计算机辅助制造) 数据报表,这些报表文件有着不同的用途和功能,对 PCB 设计的后期制作、元件采购和文件交流提供了方便。主要包括电路板元件报表、电气规则检查报表、光绘文件报表、钻孔文件报表、插件报表和测试点报表,下面将一一介绍这些报表生成的方法。

## 15.1  任务 58  新建 CAM 文件

在生成各种 PCB 报表之前,首先要新建一个 CAM 文件,PCB 中各种报表数据都将存储在这个 CAM 文件,创建 CAM 文件的方法有两种,一是直接创建,另一种是由印制电路板创建 CAM 文件,下面分别介绍。

### 1. 直接创建 CAM 文件

(1) 打开要生成报表文件的设计数据库,如实训 14 所设计的"多功能提示器. ddb",双击"Document"文件夹,保证要生成的 CAM 文件与 PCB 文件在同一个目录中,否则后面生成报表时系统会提示找不到 PCB 文件。

(2) 执行"File"→"New"菜单命令,系统打开如图 15-1 所示的文件编辑器对话框。

(3) 双击选择框中的"CAM output configuration"图标,即创建了一个扩展名为. cam 的文件,该文件的意思是计算机辅助生产输出文件配置,如图 15-2 所示。

### 2. 由印制电路板创建 CAM 文件

(1) 在设计数据库中双击 PCB,必须先进入 PCB 编辑器环境。

(2) 执行"File"→"CAM Manager"菜单命令,弹出如图 15-3 所示的创建输出文件向导对话框。

(3) 如果单击"Next"按钮,系统就会提示生成报表文件的设置,由于这里只需要创建 CAM 文件,所以单击"Cancel"按钮,即可新建 CAM 文件。

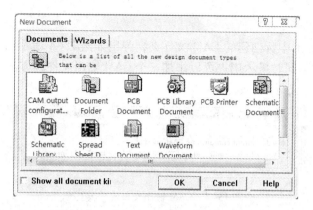

图 15-1　新建 CAM 文件选择对话框

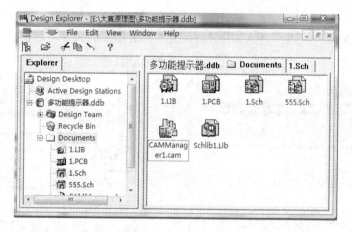

图 15-2　创建 CAM 文件

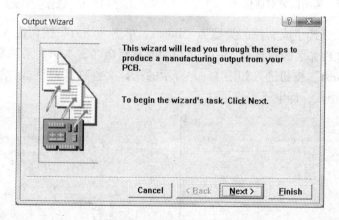

图 15-3　创建输出文件向导对话框

## 15.2　任务 59　PCB 报表输出

### 1. 电路板元件报表

元件报表的功能可以将一个项目中的所有元件形成一个报表清单，以供用户查询，具体操作如下：

（1）双击在任务1中所创建的CAM文件夹，弹出如图15-4所示信息提示窗口，说明还没有CAM输出文件，同时提示用户可以添加一个CAM输出文件，方法是选择"Tools"菜单中的"CAM Wizard"向导来创建。

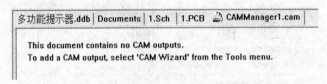

图15-4 CAM输出文件夹信息提示

（2）执行"Tools"→"CAM Wizard"菜单命令，弹出如图15-5所示的输出向导对话框。

（3）单击"Next"按钮，进入如图15-6所示的选择生成文件对话框。

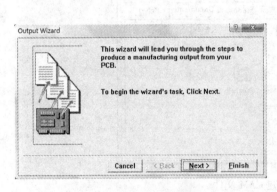

图15-5 输出向导对话框

图15-6 选择生成文件类型对话框

（4）在对话框选择生成文件的类型为"Bom"，单击"Next"按钮进入如图15-7所示的对"Bom"报告文件命名的对话框，用户可以对其重新命名，本例中采用默认文件名。

（5）单击"Next"按钮进入如图15-8所示的选择文件格式对话框。这里采用系统默认的"Spredsheet"形式，即电子表格形式。

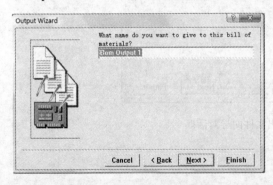

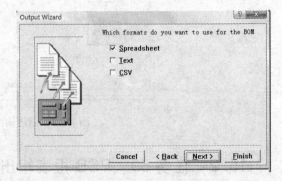

图15-7 命名BOM文件对话框

图15-8 选择文件格式对话框

（6）单击"Next"按钮进入如图15-9所示的选择元件列表形式对话框，其中"List"表示为列表形式，"Group"则为组形式。

（7）单击"Next"按钮，进入如图 15-10 所示的选择元件属性输出报表对话框。

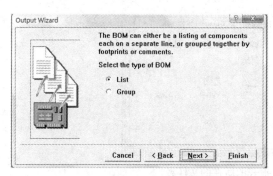

图 15-9　元件列表形式对话框

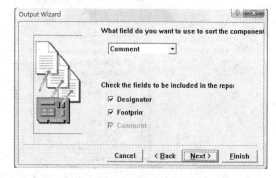

图 15-10　选择元件属性输出报表对话框

（8）单击"Next"按钮，完成如图 15-11 所示的电路板元件报表输出。

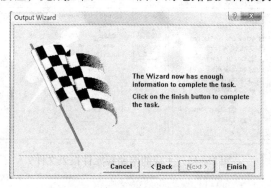

图 15-11　完成电路板元件报表输出

（9）单击"Finish"按钮，完成电路板元件报表文件创建，如图 15-12 所示。

（10）此时，报表文件的数据并没有产生，选中电路板报表文件"Bom Output1"，单击右键弹出如图 15-13 所示的右键菜单。选择"Generate CAM Files"子菜单命令，系统将自动生成元件报表文件。

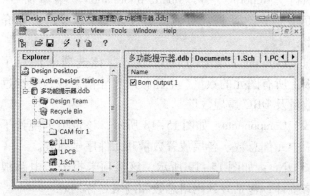
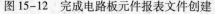

图 15-12　完成电路板元件报表文件创建

图 15-13　生成报表文件菜单命令选择

（11）切换至"Document"文件夹，如图 15-14 所示，双击"CAM for 1"文件夹，发现该文件夹里面有两个文件，如图 15-15 所示。

（12）双击"BOM for 1. bom"文件，打开电路板元件报表清单，如图 15-16 所示，从中可以看出所有元件的信息。

图 15-14  电路板元件报表的所在的文件夹

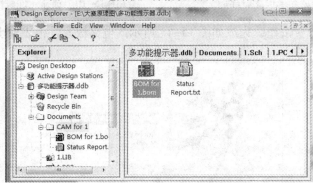

图 15-15  生成的电路板元件报表文件

| | A | B | C | D |
|---|---|---|---|---|
| A1 | | Comment | | |
| 1 | Comment | Footprint | Designators | |
| 2 | | K | K | |
| 3 | | S | S1 | |
| 4 | | S | S2 | |
| 5 | | SHUMAGUAN | DS1 | |
| 6 | | SIP1 | TP1 | |
| 7 | | SIP1 | TP2 | |
| 8 | | SIP1 | TP3 | |
| 9 | | SIP2 | BL | |
| 10 | | SIP2 | VD1 | |
| 11 | | SIP2 | VD2 | |
| 12 | | SIP2 | VD3 | |
| 13 | | SIP2 | VD4 | |
| 14 | | SIP4 | J1 | |
| 15 | 0.1uF | RAD0.1 | C1 | |
| 16 | 0.1uF | RAD0.1 | C2 | |
| 17 | 100K | AXIAL0.4 | R9 | |
| 18 | 100K | AXIAL0.4 | R10 | |
| 19 | 100uF | RB.2/.4 | C17 | |
| 20 | 104 | RAD0.1 | C8 | |
| 21 | 104 | RAD0.1 | C9 | |
| 22 | 104 | RAD0.1 | C11 | |
| 23 | 104 | RAD0.1 | C12 | |
| 24 | 104 | RAD0.1 | C13 | |
| 25 | 104 | RAD0.1 | C14 | |
| 26 | 10K | 1206 | R3 | |
| 27 | 10K | 1206 | R5 | |
| 28 | 10K | 1206 | R6 | |
| 29 | 10K | 1206 | R7 | |
| 30 | 10K | AXIAL0.4 | R1 | |
| 31 | 10K | AXIAL0.4 | R2 | |
| 32 | 10K | AXIAL0.4 | R11 | |
| 33 | 10K | AXIAL0.4 | R22 | |
| 34 | 10K | AXIAL0.4 | R23 | |
| 35 | 10uF | RB.2/.4 | C4 | |

图 15-16  电路板元件报表内容

## 2. PCB 信息报表

PCB 信息报表用于为用户提供完整的 PCB 板中元件网络和一般细节信息，包括尺寸、焊盘、导孔的数量以及元件序号等。

执行"Reports"→"Board Information"菜单命令，系统 PCB 信息对话框。对话框中包含三个选项，分别介绍如下：

（1）General：如图 15-17 所示，该选项卡汇总了 PCB 板上所有图元的数量、电路板的尺寸信息地、焊盘过孔的数量及 DRC 违规数量。

（2）Components：如图 15-18 所示，该选项卡统计了电路板中元件总数、各层放置数量和元件序号列表。

（3）Net：如图 15-19 所示，该选项卡报告了电路板的网络统计，包括导入网络总数和网络名称列表。

（4）单击任一选项卡，单击"Report"按钮，系统弹出如图 15-20 所示的选择项目报表对话框。

（5）单击"All on"按钮，选中所有选项，也可以自定义勾选项目，单击"Report"按钮，生成如图 15-21 所示的 PCB 信息报表，其中电路板信息报表的扩展名为 .REP。

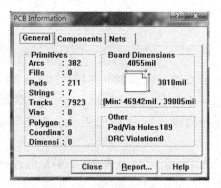

图 15-17　General 选项卡

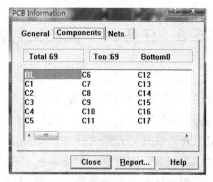

图 15-18　Components 选项卡

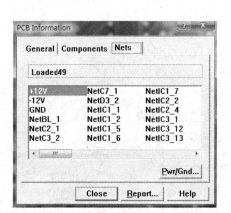

图 15-19　Net 选项卡

图 15-20　项目报表对话框

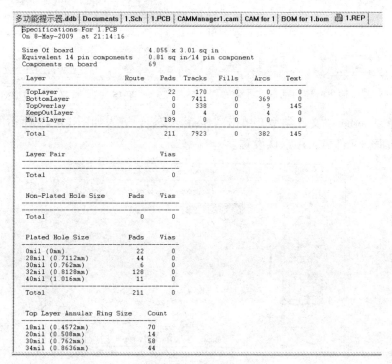

图 15-21　PCB 信息报表

## 15.3 任务60 光绘文件报表

大多数工程师都习惯于将印制电路板文件设计好后直接送到印制电路板厂加工，而国际上流行的做法是将印制电路板文件转换为"GERBER"（光绘）文件和钻孔数，"GERBER"文件是印制电路板行业的一个工业标准，不管用户的设计软件如何强大，都必须创建"GERBER"格式的光绘文件才能光绘胶片。

"GERBER"文件是一种国际标准的光绘格式，它包含 RS-274-D 和 RS-274-X 两种格式，其中 RS-274-D 为基本光绘格式，并要同时附带 D 码文件才能完整描述一张图形，RS-274-X 为扩展"GERBER"格式，它本身包含 D 码信息。常用的 CAD 软件都能生成上述两种格式的文件。

### 1. 创建光绘文件

（1）打开 PCB 文件，本例中打开实训 14 设计的 PCB 文件。

（2）执行"File"→"CAM Manager"菜单命令，系统弹出如图 15-22 所示的输出文件向导对话框。

（3）单击"Next"按钮，进入如图 15-23 所示的选择文件类型对话框。

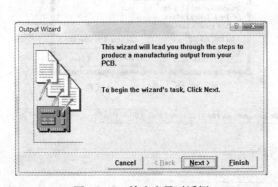

图 15-22 输出向导对话框

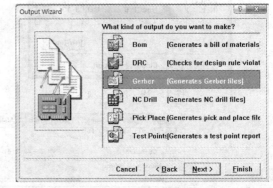

图 15-23 选择文件类型对话框

（4）选择"Gerber"文件类型，单击"Next"按钮，进入如图 15-24 所示的设置输出光绘文件名对话框，文件名采用默认设置。

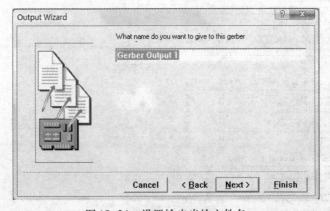

图 15-24 设置输出光绘文件名

（5）单击"Next"按钮，进入如图 15-25 所示的对话框，该对话框提示将自动应用符合 RS274X 标准的镜头文件。

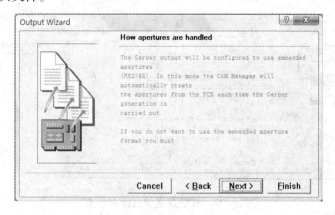

图 15-25　输出光绘文件信息提示

（6）单击"Next"按钮，系统弹出如图 15-26 所示的对话框，可以设置光绘文件的数据报表格式和单位。

● Units：设置光绘文件数据报表格式的使用单位，有英制（英寸）和公制（毫米）两种，这里采用系统默认设置。

● Format：当单位选择"Inches"时，有三个选项，分别是 2：3、2：4、2：5，三个选项表示数据格式，冒号前面是整数个数，后面是小数个数。当单位选择"Millimeters"时，有三个选项，分别是 4：2、4：3、4：4，意义同前。

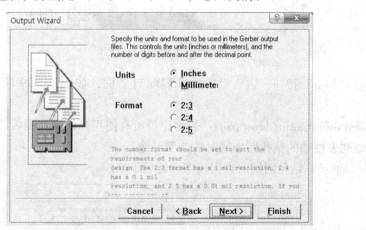

图 15-26　光绘文件报表格式和使用的单位设置对话框

（7）选择系统默认设置，单击"Next"按钮进入如图 15-27 所示的选择板层及镜像对话框。单击"Menu"按钮，选择下拉菜单"Plot Layers"中的"Used On"命令，其中选择"Plot Layers"表示将板层数据记录于光绘文件中，选择"Used On"表示记录已经使用的板层。

（8）单击"Next"按钮，进入如图 15-28 所示的钻孔设置对话框。其中上"Yes, generate drill draw"复选框选中表示在光绘文件中将记录钻孔孔位图数据；"Yes, generate drill guid"复选框选中表示在光绘文件中将记录钻孔引导数据，采取系统默认设置。

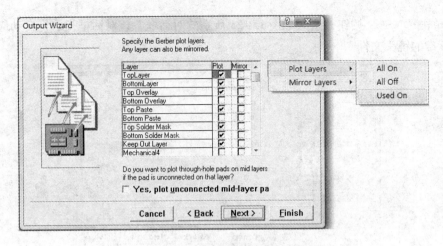

图 15-27　板层及镜像选择对话框

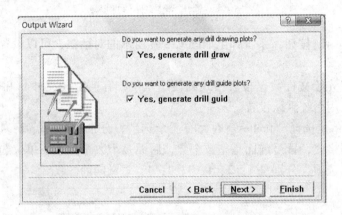

图 15-28　钻孔设置对话框

（9）单击"Next"按钮，进入设置钻孔界面对话框，如图 15-29 所示，其中各项意义如下：

- Plot used drill drawing layer pairs：表示记录所有使用到的钻孔图板层数据。如果不选该项，则列表栏中的钻孔图板层对的选项可选。
- Mirror plots：将钻孔图层对数据镜像翻转后下来。

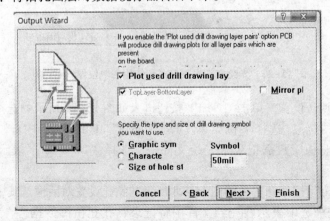

图 15-29　钻孔图板层对设置对话框

- Specify the type and size of drill drawing symbol you want to use：指定 Symbol size 文本框内设置钻孔图层符号。
- Graphic symbols：图形符号。
- Characters：字符符号。
- Size of hole string：钻孔字符串尺寸。

采取系统默认设置。

（10）单击"Next"按钮，进入如图 15-30 所示的设置钻孔指引板层对对话框，采用系统默认设置。

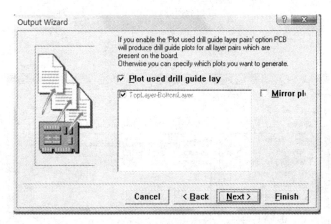

图 15-30　设置钻孔引导层对设置对话框

（11）单击"Next"按钮，进入如图 15-31 所示的设置机械板层对话框，该对话框用于设置添加到光绘格式报表的机械板层。

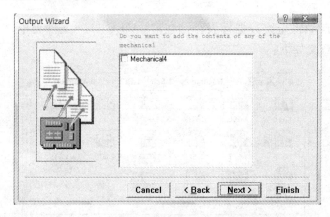

图 15-31　设置机械板层对话框

（12）单击"Next"按钮，进入如图 15-32 所示的向导完成对话框。

（13）单击"Finish"按钮，系统将设置储存起来，设置完成后的界面如图 15-33 所示。

## 2. 创建光绘数据报表

设置完输出文件后需要数据报表才能使用。

在 CAM 页面右键单击"Gerber Output1"，在弹出的快捷菜单中选择"Generate CAM

图 15-32　向导完成对话框

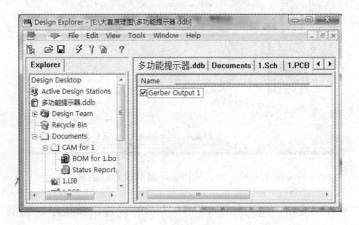

图 15-33　设置完成后的 CAM 界面

Files" 命令，系统自动将光绘数据报表存储在 "CAM for 1" 文件夹中，如图 15-34 所示，其中各文件后缀名意义如下：

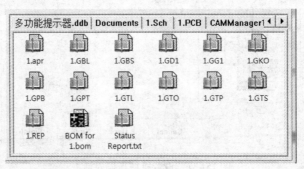

图 15-34　生成的报表文件

- pr：光圈表（D 码表）。
- GBL：底层光绘文件。
- GBS：底层阻焊光绘文件。
- GD1：钻孔图层光绘文件。
- GKO：禁止布线层光绘文件。
- GTO：顶层丝印层光绘文件。

- GTL：顶层光绘文件。
- GTS：顶阻焊层光绘文件。
- REP：各光绘层的说明文件。
- Status Report txt：状态报告文件。

### 3. 钻孔文件报表

钻孔文件记录钻孔的尺寸和位置，当用户的 PCB 数据要送入 NC 钻孔机进行自动钻孔时，就需要钻孔文件。

钻孔文件可以和 Gerber 文件一样利用向导生成，也可以直接生成，下面用直接生成的方法来介绍钻孔文件的创建。

（1）切换到 CAM 页面窗口，如图 15-35 所示。

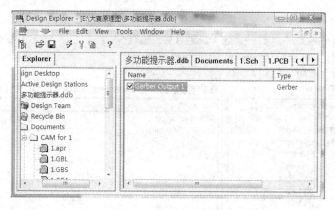

图 15-35　CAM 页面窗口

（2）在空白处单击右键，系统弹出快捷菜单，如图 15-36 所示。

（3）在弹出的快捷菜单中选择"Insert NC Drill…"子菜单命令，弹出如图 15-37 所示的对话框。

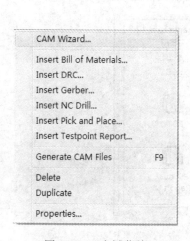

图 15-36　右键菜单

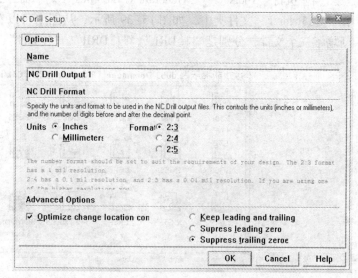

图 15-37　钻孔设置对话框

对话框中有两个选项卡，意义如下：

Options 选项卡：

- Name：定义钻孔文件的文件名。
- NC Drill Format：设置钻孔文件的数据格式，意义同前面介绍的一样。

Advanced 选项卡：

- Keep leading and trailing zeroes：保留数据的前导零和后导零。
- Supress leading zeroes：删除数据的前导零。
- Supress trailing zeroes：删除数据的后导零。
- Reference to absolute origin：参考绝对原点。
- Reference to relative origin：参考相对原点。

本例采用默认设置，单击"OK"按钮确定，此时系统自动将设置结果保存起来，如图 15-38 所示。

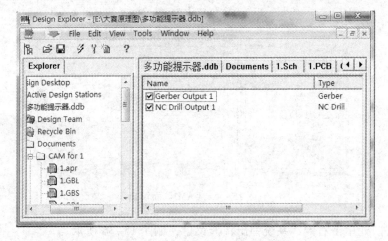

图 15-38　自动保存钻孔文件的设置

（4）执行"Tools"→"Generate CAM Files"菜单命令，系统自动将钻孔数据报表存储在"CAM for 1"文件夹中，如图 15-39 所示，从图中可以看出在"CAM for 1"文件夹中又新增了三个文件，分别是"1. DRL"、"1. DRR"、"1. TXT"，三个文件意义如下：

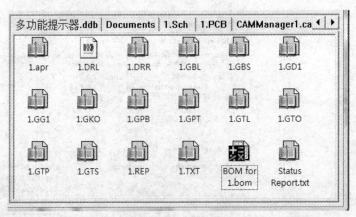

图 15-39　生成的钻孔数据报表文件

- DRL：EIA 格式的钻孔文件。
- DDR：钻头工具表。
- TXT：钻孔文件。

双击钻孔文件，可以看到钻孔文件的内容，如图 15-40 所示。

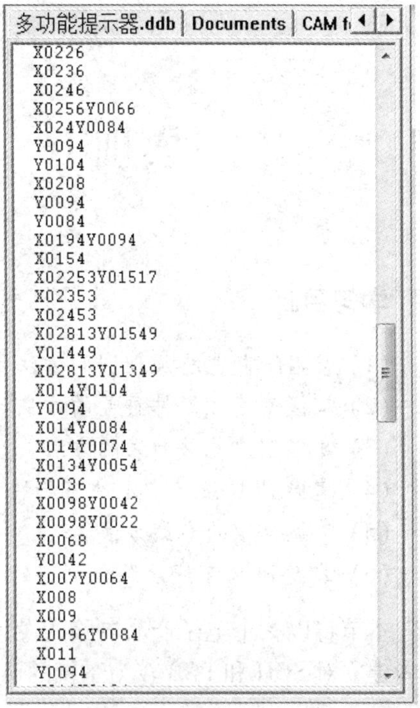

## 15.4　任务61　技能训练

（1）打开系统自带的数据库"C：\Program Files\Design Explorer 99 SE\Examples\Z80 Microprocessor. Ddb"，完成以下操作：

① 生成元件引脚信息报表。

操作提示：执行"Reports"→"Selected Pins"菜单命令，在弹出的对话框中选择需要报表的元件引脚名称。

② 生成 PCB 文件的电路板信息报表。

操作提示：执行"Reports"→"Board Information"菜单命令。

图 15-40　查看钻孔文件

③ 生成电路板元件报表。

（2）在第一题的基础上，输出"Gerber"文件报表和钻孔文件报表。

操作提示：

① 打开 PCB 文件。

② 执行"File"→"CAM manager..."菜单命令，打开输出向导。

③ 利用向导一步一步进行发设置。

④ 设置完成后进行保存，并进入 CAM 页面。

⑤ 执行"Tools"→"Generate CAM Files"菜单命令，自动生成相应的数据报表文件并存于"CAM for 1"的文件夹中。

# 实训 16　电路设计综合实例

## 学习目标

（1）掌握绘制电路原理图的方法。
（2）掌握创建元器件符号的方法。
（3）掌握创建元件封装的方法。
（4）掌握 PCB 设计中元件布局的方法。
（5）掌握合理的布线方法。
（6）掌握 PCB 布线后综合调整的方法。

　　本节将以一个电子产品电路的设计与制作流程来介绍一个电路的完整设计过程，以帮助读者建立对 SCH 和 PCB 较为系统的认识。

## 16.1　实例 1　多功能提示器设计与制作

### 1. 绘制电路原理图

　　电路总图如图 16-1 所示。

　　（1）准备工作。设计前应首先分析电路结构与组成，最好能简单分析电路的工作原理或基本功能，这样就能在绘制原理图时合理安排电路的布局。本电路主要由六个部分构成，波形产生电路和整形、多谐振荡器、单稳态电路都是产生触发脉冲送入单片机 2051，通过中断或查询的方式调用相应的程序，然后输出控制相应的显示和驱动电路。用户可以用绘制层次电路图的方法将本电路分解成六个模块，也可在一张图纸上进行绘制。

　　（2）启动原理图编辑器。

　　① 选择"开始"→"程序"→"Protel 99 SE"命令，启动 Protel 99 SE。

　　② 执行"File"→"New"菜单命令，在弹出的对话框中新建设计项目，取名为"多功能提示器.ddb"，并选择合适的保存路径，单击"OK"按钮确定，进入项目设计管理器。

　　③ 继续执行"File"→"New"菜单命令，在弹出的对话框中选择"Schematic Document"图标，启动原理图编辑器并新建一个名为"Sheet1.Sch"原理图文件，然后重新命名文件。

　　④ 双击原理图文件图标，进入原理图编辑环境，如图 16-2 所示。

　　（3）编辑图纸参数。执行"Design"→"Options"菜单命令，在弹出的对话框中将图纸号设置为"B"，其他项采用默认设置。

　　（4）创建原理图元件符号。可以看出，电路图中的 555 定时器、七段数码管、74LS121 三个元件需要重新绘制或修改。

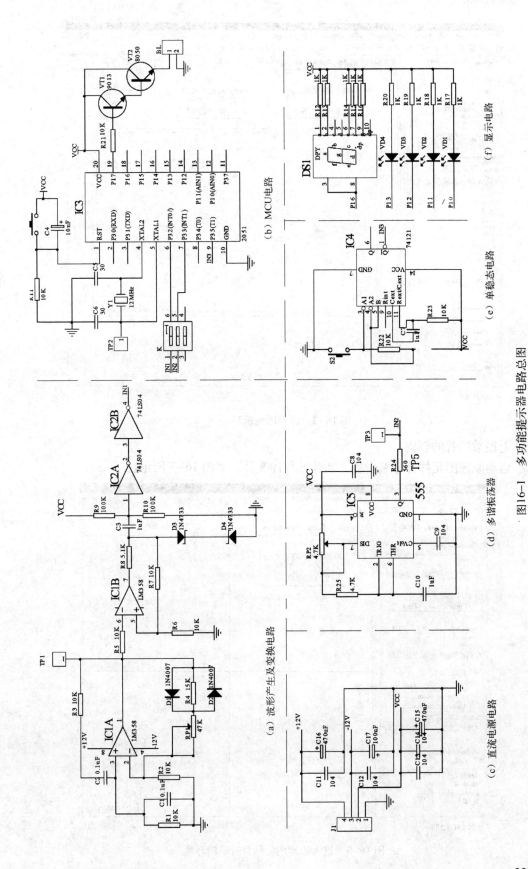

（a）波形产生及变换电路

（b）MCU电路

（c）直流电源电路

（d）多谐振荡器

（e）单稳态电路

（f）显示电路

图16-1　多功能提示器电路总图

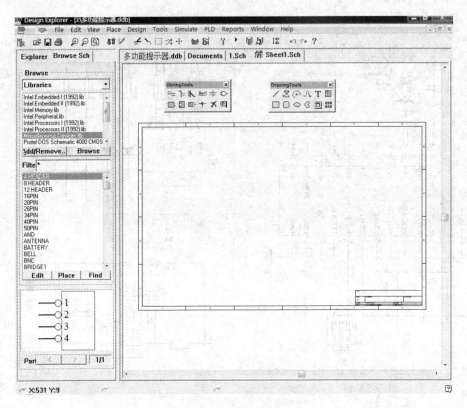

图 16-2　原理图编辑环境

① 七段数码管的创建。

a. 启动原理图元件符号编辑器，新建元件库文件，如图 16-3 所示。

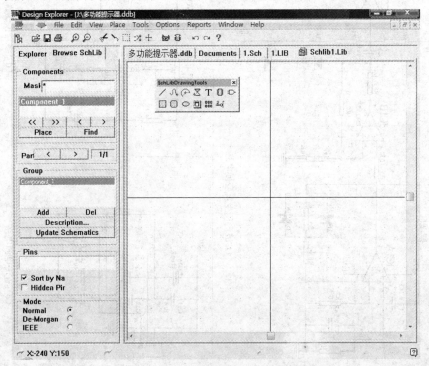

图 16-3　进入原理图元件符号编辑环境

b. 创建如图 16-4 所示的七段数码管元件符号，最后命名为 7SEG。

② 555 定时器的修改。

a. 执行 "Tools"/"New Component" 菜单命令，在元件库文件中添加一个新元件，并命名为 New_555。

b. 打开 "C：\Program Files\Design Explorer 99 SE\Library\Sch\Sim.ddb" 元件符号库文件，将其中的 555 元件符号复制到剪切板。

c. 通过项目管理器切换到原理图元件符号编辑环境，将剪切板中的 555 符号粘贴在编辑区中，移动使矩形左上角对准坐标原点，撤消选中状态，如图 16-5 所示。

d. 调整 555 符号的引脚位置，并适当修改引脚的名称，结果如图 16-6 所示。

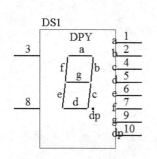

图 16-4　七段数码管元件符号

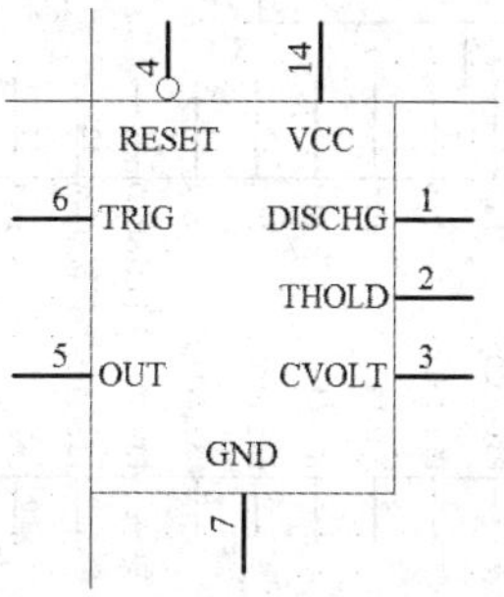

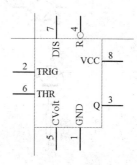

图 16-5　库中的 555 符号

图 16-6　编辑过的 555 符号

③ 创建 74LS121 的元件符号。74LS121 符号的创建方法同前面介绍的一样，这里不再赘述。

（5）放置元件。

① 切换到原理图编辑环境，将创建的原理图符号库文件添加到元件库浏览器窗口中，同时将系统自带的、当前原理图中需要的元件库也添加到元件库浏览器窗口中。

② 利用快速放置功能，即单击连线工具栏上的 □ 图标按钮，弹出如图 16-7 所示的放置元件对话框，如要放置电阻，在对话框中输入电阻名称 "RES2"、序号为 "R1"、封装名称为 "AXIAL0.3"，参数暂时不输入，后面统一修改。

③ 利用同样的方法放置其他元件，若记不住元件的名称，可通过浏览元件库的方法查找，这样速度就慢了，全部元件放置完毕如图 16-8 所示。

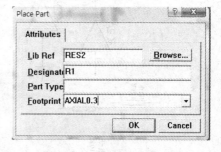

图 16-7　放置元件对话框

④ 根据功能模块元件集中原则，尽量将某一功能块的元件放置在一起，经过移动元件位置，并将元件参数和已有的封装填入，效果如图 16-9 所示。

⑤ 放置电源和地对象。

⑥ 用连线工具连接元件，为了使图形美观，结构紧凑，连线疏密有致，可尽量利用网络标识完成连线，结果如图 16-10 所示。

⑦ 为了方便识图，可在图纸上标注相关信息，如图 16-1 所示。

（6）ERC 检查。在生成网络表之前，一定要执行 ERC（电气规则检查）的测试工作，若有错误可以及时修改，然后保存。

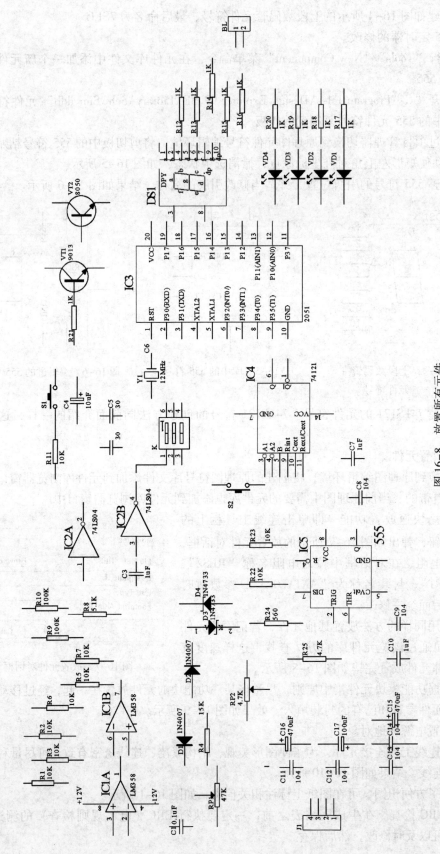

图 16-8 放置所有元件

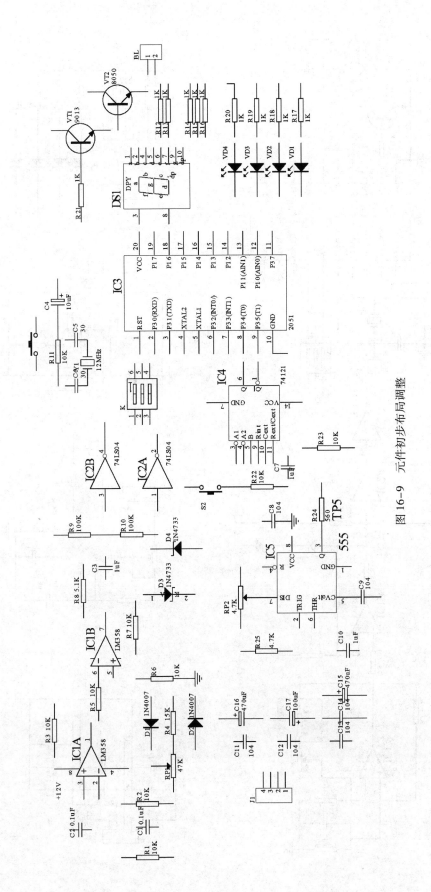

图 16-9　元件初步布局调整

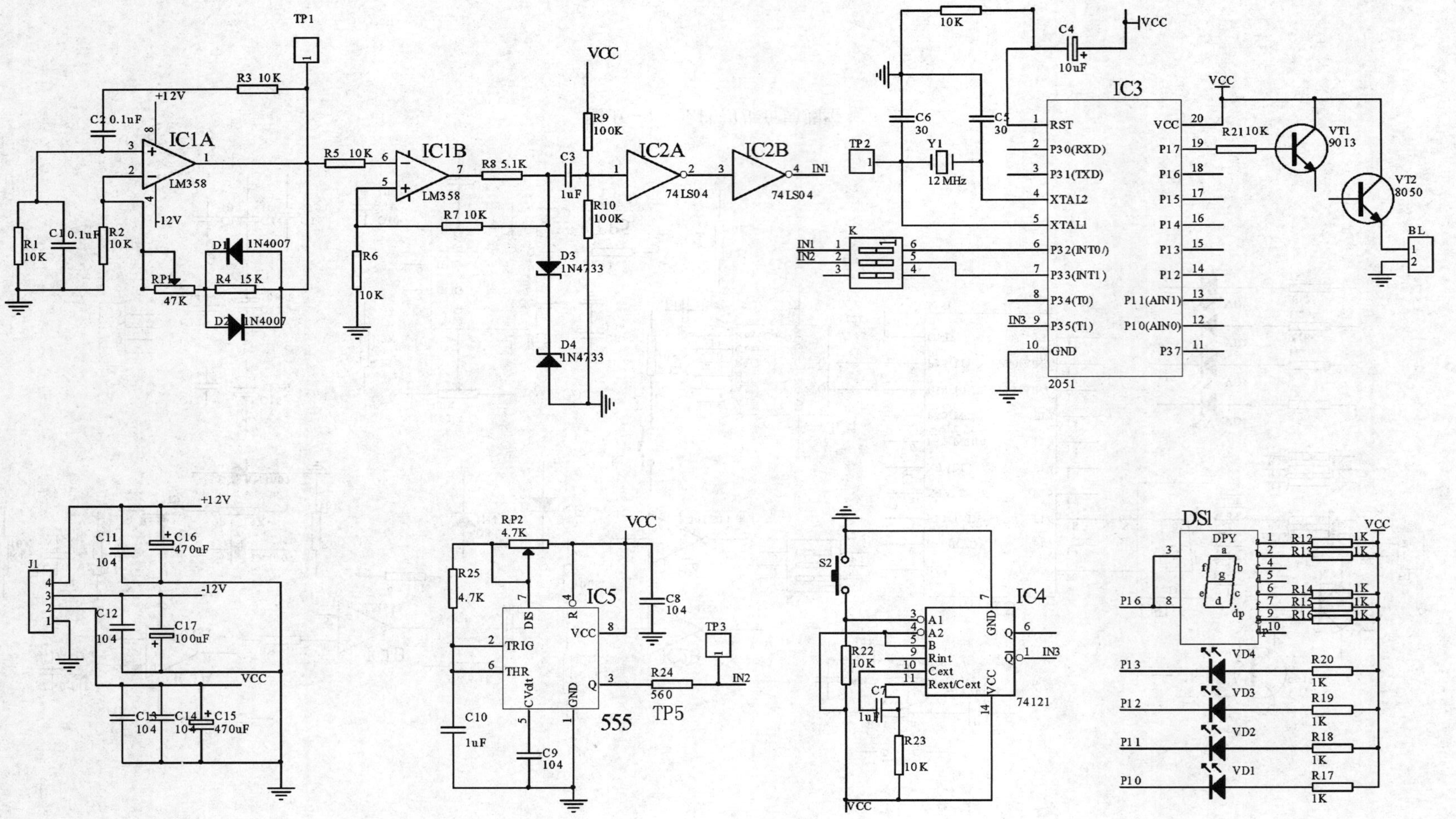

图 16-10 完成电路绘制

**2. 绘制印制电路板**

（1）建立 PCB 文件。在项目设计数据库中的"Document"文件夹中，执行"File"→"New"菜单命令，在弹出的对话框中选择"PCB Document"图标，新建一个 PCB 文件。

（2）规划电路板。双击新建的 PCB 文件，进入 PCB 编辑器环境，将工作层标签切换到"KeepOutlayer"（禁止布线层），绘制一个 10cm×8cm 的矩形禁止布线框，如图 16-11 所示。

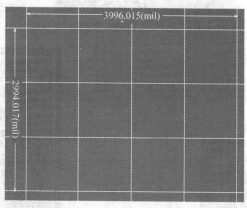

图 16-11　规划电路板

（3）创建元件封装。在绘制原理图时，有的元件封装在 Protel 99 SE 自带的库中找不到或不符合需要，因此需要用户自行创建元件封装。本例中需要创建封装的元件有：七段数码管、按钮、排开关（3 排）、二极管、12M 晶振。下面以按钮为例来说明元件封装创建过程。

① 用游标卡尺实测按钮的引脚距离及动合动断触点脚号，如图 16-12 所示。

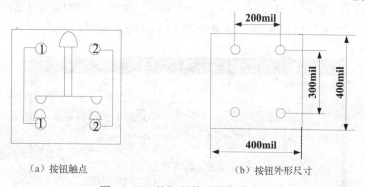

（a）按钮触点　　　　　　　　　（b）按钮外形尺寸

图 16-12　按钮的外形与触点关系

② 执行"File"→"New"菜单命令，在弹出的对话框中选择"PCB Library Document"图标，新建一个 PCB 库文件。

③ 双击库文件图标，进入到元件封装编辑器环境，按照图 16-12 所示的信息创建按钮封装，结果如图 16-13 所示。

④ 将按钮封装起名为 S 并保存，同理将其他元件的封装做好，最终结果如图 16-14 至图 16-17 所示。

（4）创建网络表。将原理图中相应元件的封装填入，执行"Design"→"Create Netlist..."命令，在弹出的对话框中选择默认设置，生成电路图的网络表文件。

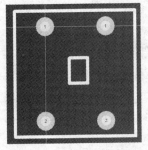
图 16-13　按钮元件封装

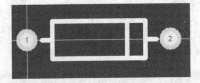
图 16-14　二极管的封装

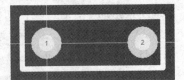
图 16-15　晶振的封装

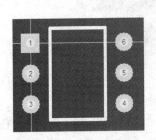
图 16-16　排开关的封装

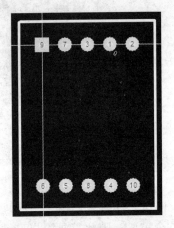
图 16-17　数码管的封装

（5）载入元件封装库。切换到 PCB 编辑环境，将创建的元件封装文件添加到封装库浏览器窗口中。同时将系统自带的、当前 PCB 设计中需要的封装库也添加到封装库浏览器窗口中。

（6）导入网络表。执行"Design"→"Load Nets"命令，在弹出的对话框中选择相应的网络表文件，单击"OK"按钮确定，结果如图 16-18 所示，可以看出导入过程正确，单击

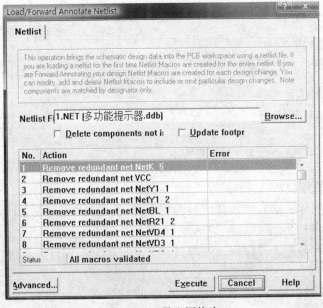
图 16-18　导入网络表

"Excute"按钮执行导入命令，结果如图 16-19 所示。

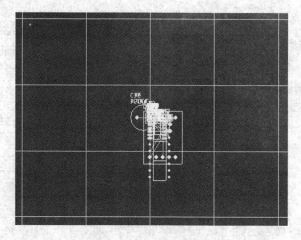

图 16-19　PCB 中导入的元件

（7）元件布局。从图 16-19 看出，元件挤在一起，从布局原则考虑，这里采用手工布局，具体步骤如下：

① 执行"Design"→"Auto Placement"→"Set Shove Depth"命令，将推挤尝试设置为 10，连续执行"Design"→"Auto Placement"→"Shove"命令，将元件推挤开，结果如图 16-20 所示。

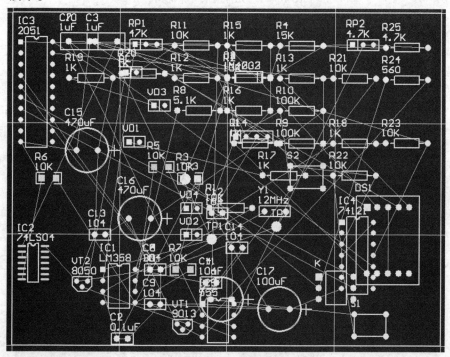

图 16-20　元件的推挤效果

② 显然推挤的元件不符合电路布局的要求，现在根据元件的布局原则手工开始布局，这个过程是漫长的，且有时还需要不断地修改。

③ 布局时要考虑定位孔、安装孔、螺钉的位置，最终元件的布局效果如图 16-21 所示。

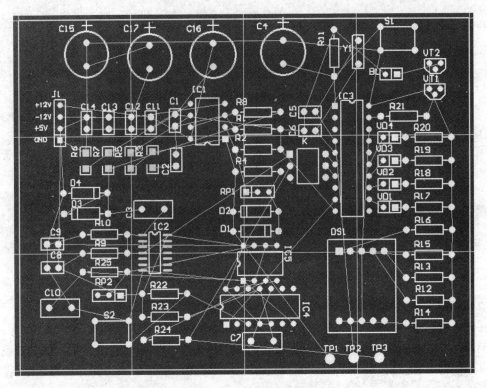

图 16-21　元件的最终布局图

（8）元件布线。

① 设置板层为双层板。由于系统默认的是双层板，这一步设置可以省略。

② 设置安全距离。系统的默认设置为 10mil。

③ 设置走线宽度。执行"Design"→"Rules"菜单命令，在弹出的对话框中选择"Routing"选项卡，在该选项卡中的"Routing Classess"区域中选择"Width Constraint"，通过"Add"按钮先后添加 +12V、–12V、VCC、GND、其他线宽设置如图 16-22 所示。

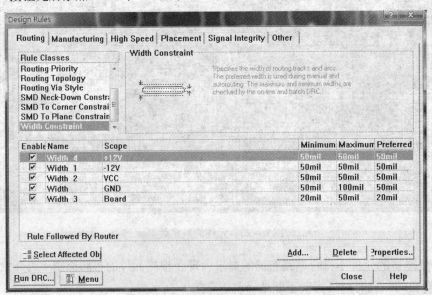

图 16-22　线宽的设置

④ 在板子四个角上放置四个半径为 50mil 的安装孔。

⑤ 预先手工布电源线，地线可以不布，因为后面还要敷铜，效果如图 12-23 所示。

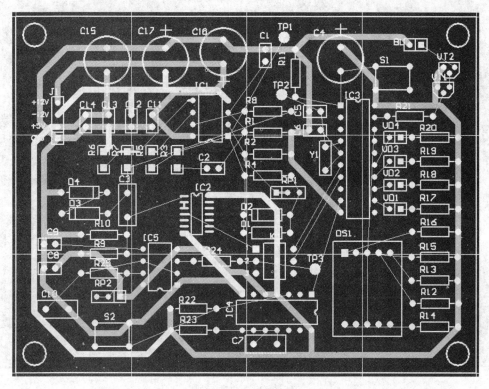

图 16-23　手工布电源线

⑥ 对余下的线进行自动布线，执行"Auto Route"→"All"菜单命令，在弹出的对话框选择"Lock All Pre-route"复选框，即将预先布好的电源线锁住，如图 16-24 所示。

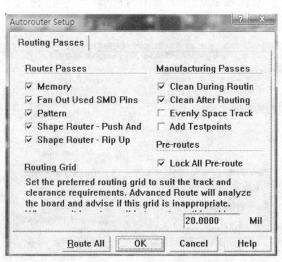

图 16-24　锁住预布线

⑦ 单击"Route All"按钮，布线结果如图 16-25 所示，可以看出，布线效果较好，不需要作大幅调整。

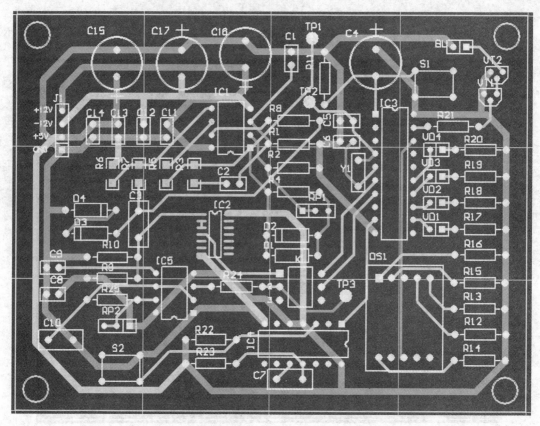

图 16-25　布线完成

⑧ 敷实铜。敷铜可以提高电路的抗干扰能力，但不利于散热，所以如何敷铜，敷多大面积，单面还是双面敷铜是要根据具体情况进行选择的。本例中采取顶层敷铜接地。单击放置工具栏上的 ◢ 敷铜图标按钮，在弹出的对话框中进行设置，设置参数如图 16-26 所示。

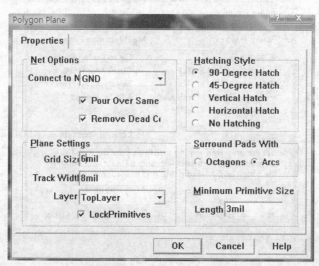

图 16-26　敷实铜的参数设置

⑨ 设置完毕后单击"OK"按钮确定，光标呈十字命令状态，移动光标至需要敷铜的位置绘制一个多边形敷铜区域，结果如图 16-27 所示。

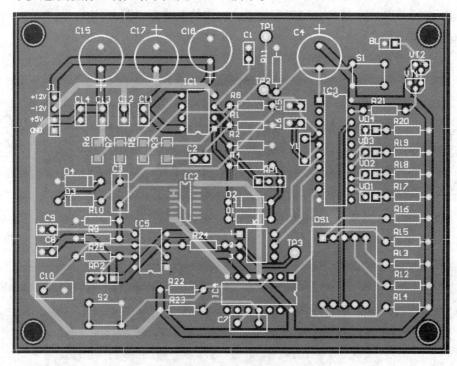

图 16-27 敷实铜的效果

⑩ 3D 效果图如图 16-28 所示。

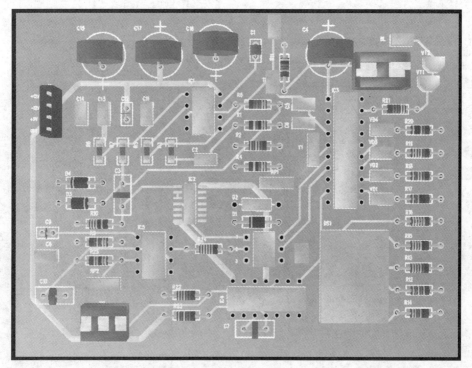

图 16-28 3D 效果图

### 3. 产品制作

将制作好的 PCB 文件送专业加工厂加工，制作的电路板如图 16-29、图 16-30 所示，其成品如图 16-31 所示。

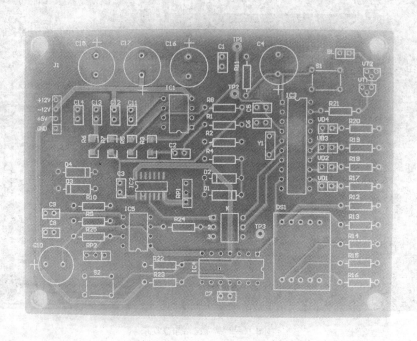

图 16-29  电路板顶层

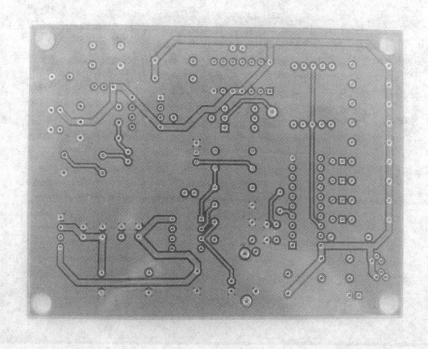

图 16-30  电路板底层

图 16-31　电子产品成品

## 16.2　实例 2　模拟红外调速风扇设计与制作

在实例 1 中我们举了一个独立印制电路板设计实例，下面我们举一个同时设计两声码电路板的例子。

### 1. 电路设计与分析

通过红外编码芯片 PT2262 实现的风扇速度编码，编码输出后通过驱动三极管和红外发射管将红外编码信号发射出去。由红外一体化接收头对红外线接收并滤除高频载波，PT2272 对红外编码信号进行解码，输出对应的 D0 - D4 按键信号，控制 555 接成多谐振荡器输出波形的占空比，实现电机的调速，同时数码管显示速度大小。电路由发射与接收两部分组成，分别如图 16-32、图 16-33 所示。

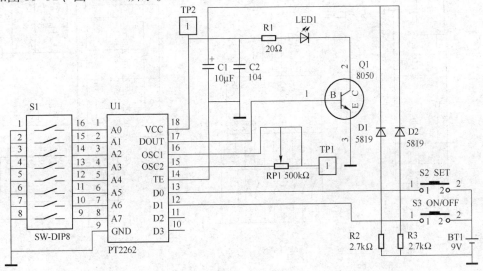

图 16-32　发射电路

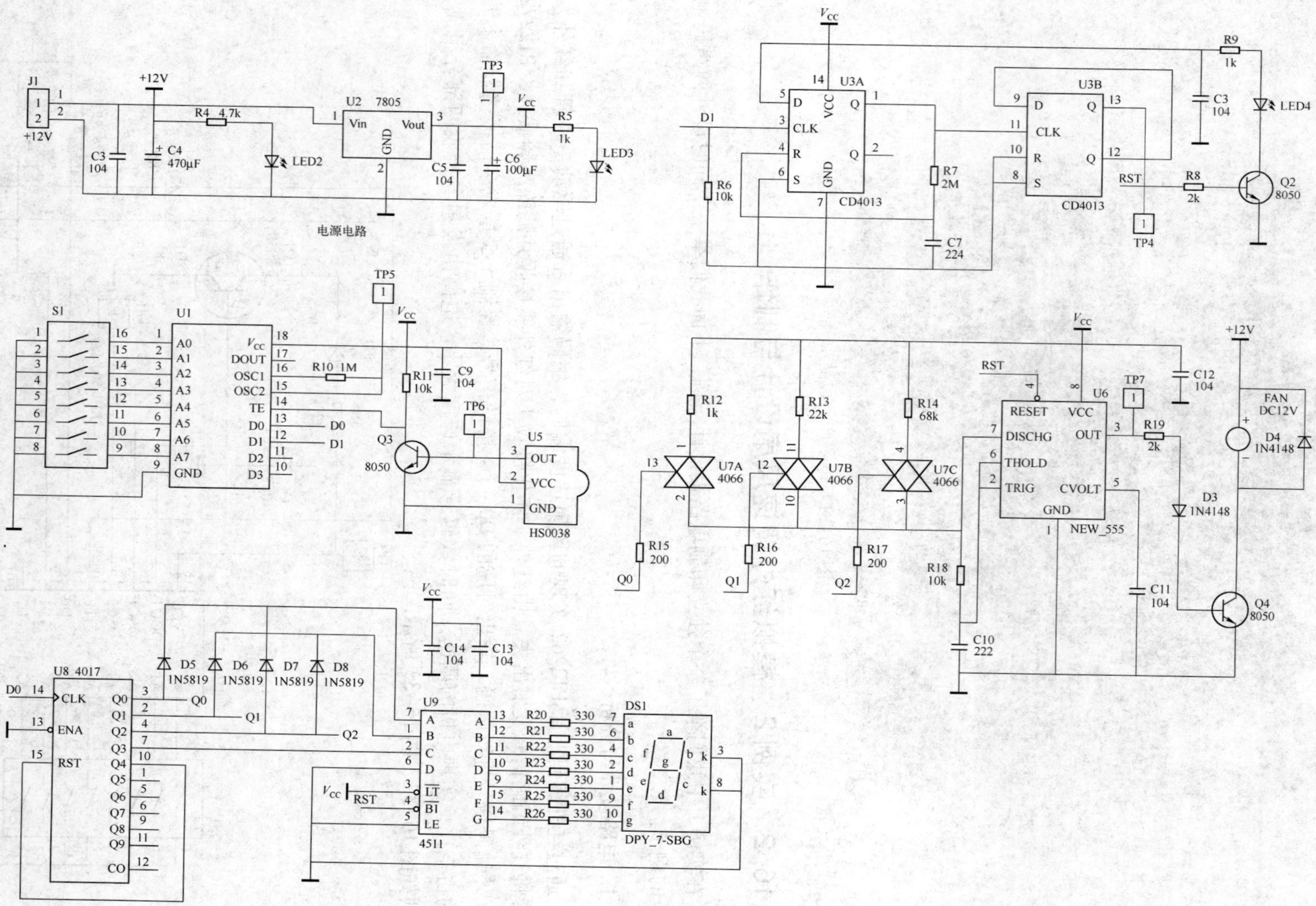

J1
+12V
C3 104
C4 470μF
R4 4.7k
LED2
U2 7805
Vin
GND
Vout
C5 104
C6 100μF
TP3
$V_{CC}$
R5 1k
LED3
电源电路
D1
R6 10k
U3A
CD4013
D
CLK
R
S
Q
VCC
GND
R7 2M
C7 224
U3B
CD4013
RST
TP4
R8 2k
R9 1k
C3 104
LED4
Q2 8050
S1
U1
A0
A1
A2
A3
A4
A5
A6
A7
GND
DOUT
OSC1
OSC2
TE
D0
D1
D2
D3
R10 1M
TP5
R11 10k
C9 104
TP6
Q3 8050
U5
OUT
VCC
GND
HS0038
R12 1k
R13 22k
R14 68k
U7A 4066
U7B 4066
U7C 4066
R15 200
R16 200
R17 200
Q0
Q1
Q2
R18 10k
C10 222
U6
NEW_555
RESET
DISCHG
THOLD
TRIG
CVOLT
TP7
R19 2k
C11 104
C12 104
+12V
FAN DC12V
D4 1N4148
D3 1N4148
Q4 8050
U8 4017
CLK
ENA
RST
Q0
Q1
Q2
Q3
Q4
Q5
Q6
Q7
Q8
Q9
CO
D5 1N5819
D6 1N5819
D7 1N5819
D8 1N5819
C14 104
C13 104
U9
4511
LT
BI
LE
R20 330
R21 330
R22 330
R23 330
R24 330
R25 330
R26 330
DS1
DPY_7-SBG


图16-33 接收电路

### 2. 原理图绘制

（1）准备工作。由于是遥控发射，所以发射板和接收板应分开绘制，同样原理图也应分开绘制，但都存在同一个设计数据库里。

（2）启动原理图编辑器建立"模拟红外调速风扇.ddb"设计数据库，分别建立"发射电路.Sch"和"接收电路.Sch"两个文件。

（3）编辑图纸参数。执行【Design】/【Options】菜单命令，将"发射电路.Sch"图纸设置为"A4"，"接收电路.Sch"图纸设置为"B"，其他项采用默认设置。

（4）创建原理图元件符号。可以看出，电路图中的 555 定时器、七段数码管、HS0038、PT2262 和 PT2272 几个元件需要重新绘制或修改，元件符号绘制如图 16-34 所示。

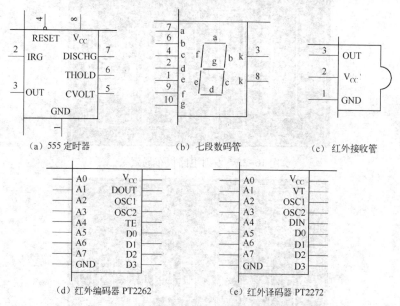

（a）555 定时器　　　　　　（b）七段数码管　　　　　　（c）红外接收管

（d）红外编码器 PT2262　　　　　（e）红外译码器 PT2272

图 16-34　原理图元件符号

（5）放置元件与绘图。

（6）ERC 检查。

### 3. 绘制印制电路板

由于要完成两声码电路板的设计，为了提高设计效率，有些设计可同时进行，有些设计需分开进行。具体步骤如下：

（1）共同设计的内容。

① 建立 PCB 文件。分别建立"发射电路.PCB"和"接收电路.PCB"两个制板文件。

② 规划电路板。发射电路板尺寸要求：6cm×5cm；接收电路板尺寸要求：10cm×8cm。

③ 创建元件封装。本例发射电路板中由于 9V 电源所占体积较大，我们将其放入专用的电池扣里，通过两根导线将电压引入发射电路板，所以电池的封装不需创建。在接收电路板中电风扇体积较大，其封装也不创建，也是通过两根导线将输出信号接入电风扇，电风扇可根据实际情况固定起来即可。需要创建封装的元件有：七段数码管、三极管、红外接收管、二极管、精密可调电位器。以上元件封装创建较为简单，此处不再赘述。

④ 创建网络表。由于 PCB 文件是两个，这里也对应生成"发射电路.NET"和"接收电

路．NET"两个网络表文件。

⑤ 载入元件封装库。元件封装在同一个设计库里是可以共享的，所以这里只有一步操作。

（2）共同设计的内容。在这一步我们就要分开进行两个电路板的设计了，现在我们先进行发射电路板的设计。

① 导入网络表。

② 元件布局。手工布局效果如图16-35所示。布局时要考虑电池扣的固定位置，最终元件的布局效果如图16-36所示。

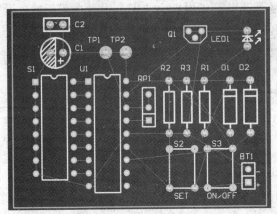

图16-35　发射电路板布局效果

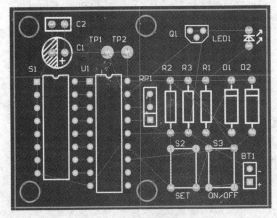

图16-36　发射电路板整体布局效果

③ 元件布线。

a. 设置板层为双层板。由于系统默认的是双层板，这一步设置可以省略。

b. 设置安全距离。采取系统的默认设置为10mil。

c. 设置走线宽度。信号线默认20mil，电源和地线设置宽度为50mil。

d. 在板子四个角上放置四个半径为50mil的安装孔。

e. 要求手工布线。效果如图16-37所示。

f. 敷实铜。结果如图16-38所示。

下面进行接收电路板的设计。

④ 导入网络表。

⑤ 元件布局。本电路中要规划了一个空间显示一些汉字信息，其余地方为元件布局空间，按照电路规划尺寸通过手工对元件进行布局，整体布局效果如图16-39所示。

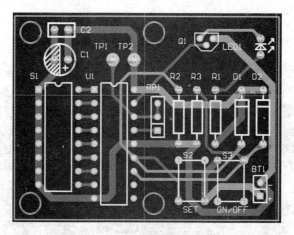

图 16-37 发射板布线完成

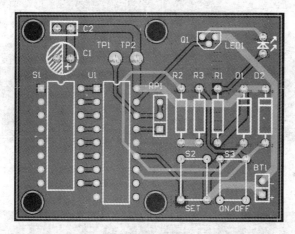

图 16-38 发射板敷实铜的效果

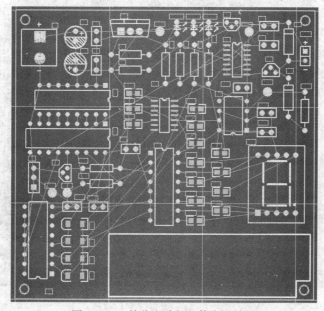

图 16-39 接收电路板整体布局效果

⑥ 元件布线。

a. 接收电路板的布线规则同发射电路板，要求手工布线，最后效果如图 16-40 所示。

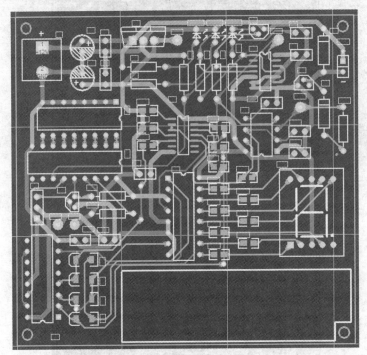

图 16-40　接收板布线完成

b. 加上汉字信息。如图 16-41 所示。

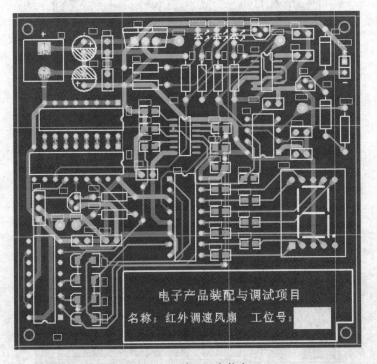

图 16-41　放置汉字信息

c. 敷实铜。结果如图 16-42 所示。

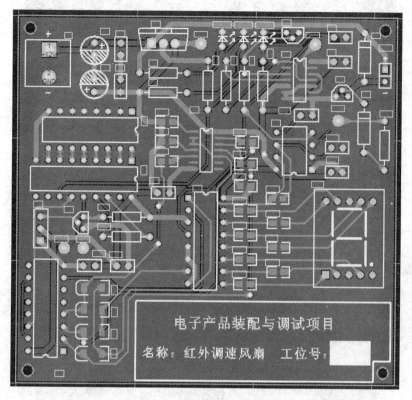

图 16-42　接收板敷实铜的效果

## 3. 产品制作

将制作好的 PCB 文件送专业加工厂加工，制作的电路板如图 16-43 ~ 图 16-46 所示。

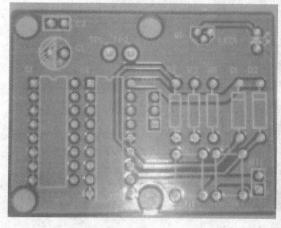

图 16-43　发射电路板顶层

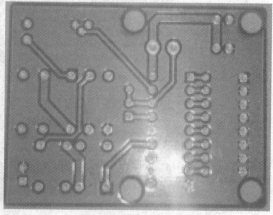

图 16-44　发射电路板底层

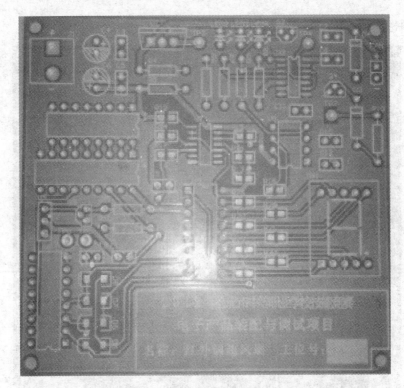

图 16-45 接收电路板顶层

图 16-46 接收电路板底层

# 参 考 文 献

[1] 崔伟等. Protel 99 SE 电路原理图与电路板设计教程. 北京：海洋出版社，2005.1

[2] 郑一力，殷晔，冯海峰，魏小康编著. Protel 99 SE 电路设计与制版入门与提高. 北京：人民邮电出版社，2008.1

[3] 余宏生，吴建设主编. 电子 CAD 技能实训. 北京：人民邮电出版社，2007.7

[4] 槐创峰，李振军，张克涛编著. Protel 99 SE 电路设计基础与典型范例. 北京：电子工业出版社，2008.1

[5] 周润景，张丽娜. Protel 99 SE 原理图与印制电路板设计. 北京：电子工业出版社，2008.8

[6] 刘朋. Protel 99 SE 自学手册——实例应用篇. 北京：人民邮电出版社，2008.6

# 反侵权盗版声明

电子工业出版社依法对本作品享有专有出版权。任何未经权利人书面许可，复制、销售或通过信息网络传播本作品的行为；歪曲、篡改、剽窃本作品的行为，均违反《中华人民共和国著作权法》，其行为人应承担相应的民事责任和行政责任，构成犯罪的，将被依法追究刑事责任。

为了维护市场秩序，保护权利人的合法权益，本社将依法查处和打击侵权盗版的单位和个人。欢迎社会各界人士积极举报侵权盗版行为，本社将奖励举报有功人员，并保证举报人的信息不被泄露。

举报电话：(010) 88254396；(010) 88258888

传　　真：(010) 88254397

E-mail：dbqq@ phei. com. cn

通信地址：北京市海淀区万寿路 173 信箱

　　　　　电子工业出版社总编办公室

邮　　编：100036